SAMMLUNG GÖSCHEN BAND 1178/1178a

PFLANZENZÜCHTUNG

II

SPEZIELLE GARTENBAULICHE PFLANZENZÜCHTUNG

(Züchtung von Gemüse, Obst und Blumen)

von

DR. AGR. HABIL. HERMANN KUCKUCK
o. Professor für Pflanzenzüchtung
und Direktor des Instituts für Gärtnerische Pflanzenzüchtung
an der Technischen Hochschule Hannover

Mit 27 Abbildungen

WALTER DE GRUYTER & CO.
vormals G. J. Göschen'sche Verlagshandlung · J. Guttentag,
Verlagsbuchhandlung · Georg Reimer · Karl J. Trübner · Veit & Comp.

BERLIN 1957

Archiv-Nr. 11 11 78
Satz und Druck: Kahmann-Druck, Berlin-Steglitz
Printed in Germany

INHALT

Schriftenverzeichnis

Bauer, R. 1955: Problems of pest resistance in Ribes L. and its overcoming by intra- and interspecies combinations. Book of Summaries; XIVth International Horticultural Congress 1955, 65.

Becker, Th. 1943: Blütenbiologische Studien an Zwiebeln, Möhren, Sellerie und Petersilie. Kühn-Archiv **60**, 466.

Becker, G. und P. Vogel 1950: Rettich und Radies. Handbuch der Pflanzenzüchtung (herausgegeben von Roemer und Rudorf) **5**, Verlag Paul Parey, Hamburg und Berlin.

Bemis, W. P. and G. B. Wilson 1953: A new hypothesis explaining the genetics of sex determination. Journ. of Heredity **44**, 91.

Dalbro, K. 1950: Colchicin-induced chromosome-doubling in horticultural plants. Royal Veterinary and Agricultural College, Copenhagen, Denmark, Yearbook 1950, 204—230.

Danielsson, B. 1947: En spontan typ av tetraploid Prunus avium. Föreningen för Växtförädling av Frukttträd, Meddelande Nr. 13.

Ehrenberg, L. and I. Granhall 1952: Effects of Beta-Radiating Isotopes in Fruit Trees. Hereditas **38**.

Einset, J. 1945: The Spontaneous Origin of Polyploid Apples. Proceed. of the Amer. Soc. for Hortic. Science **46**, 91.

Ernst-Schwarzenbach, M. 1936: Fertilität, Photoperiodismus und Genetik von Lactuca sativa L. Züchter **8**, 11.

Frimmel, F. und K. Lauche 1938: Heterosis-Versuche an Karotten. Z. f. Züchtung **22**, 469.

Gante, Th. 1951: Hernieresistenz bei Weißkohl. Z. f. Pflanzenzchtg. **30**, 188.

Granhall, I. 1954: Spontaneous and Induced Bud Mutations in Fruit Trees. Acta Agricultura Scandinavica **4**, 594.

— and E. J. Oldén 1952: The utilization of tetraploid apples in cross-breeding. Föreningen for Växtförädling av Frukttträd Balsgård, Meddelande Nr. 24—27, 1.

Gruber, F. 1950: Beerenobst. Handb. d. Pflanzenzchtg. (herausgegeben von Roemer und Rudorf) **5**, Verlag Paul Parey, Hamburg und Berlin.

Gustafsson, A. 1944: The constitution of the Rosa canina complex. Hereditas **30**, 405.

de Haas, P. 1943: Über die Beziehungen zwischen Herkunft und Standort im Obstbau. Kühn-Archiv **60**, 189.

Hänsel, H. 1954: Vergleich der Konstanz verschiedener „Blühzeit"-Maße im Langtag im Hinblick auf Sortencharakteristik und Erbversuch bei Pisum sativum. Züchter **24**, 77.

— 1954: Versuche zur Vererbung der Nodienzahl-Blühzeit-Relation im langen Tag bei Erbsensorten (Pisum sat. x Pisum sat. ssp. arvense). Züchter **24**, 97.

Horn, W. 1956: Untersuchungen über die cytologischen und genetischen Verhältnisse beim Gartenstiefmütterchen Viola tricolor maxima hort. (V. wittrockiana Gams) einer polyploiden Bastardart. Züchter **26**, 193.

Jakimovicz, A. D. 1936: Inzucht der Gurke (Lief. 1. Selkhosgiz, Moskau 1935, 124. Russisch). Ref. aus Z. f. Züchtung **21**, 246.

Janick, J. and E. C. Stevenson 1954: Genetics of the monoecious charakter in spinach. Genetics **40**, 429.

Jones, A. H. and A. E. Clarke 1942: A natural amphidiploid from an onion species hybrid. Allium cepa L. x Allium fistulosum L. J. Hered. **33**, 25.
— and G. N. Davis 1944: Inbreeding and heterosis and their relation to the development of new varieties of onions. Techn. Bull. U.S. Dep. Agric., Nr. 874, 28.
— and A. E. Clarke 1947: The Story of Hybrid Onions. Yearbook of Agriculture, Reprinted from Pages 320—326 of the 1943—47.
Jordan, Chr. 1956: Virusfragen bei Erdbeeren. Rundschreiben Nr. 9 des Pflanzenzüchterverbandes E. V., Bad Godesberg.
Kaplan, R. W. 1953: Über Möglichkeiten der Mutationsauslösung in der Pflanzenzüchtung. Z. f. Pflanzenzchtg. **32**, 121.
Kappert, H. 1937: Die Genetik der immerspaltenden Levkojen (Matthiola incana). Z. f. ind. Abst. u. Vererbungsl. **73**, 233.
— 1941: Die Bedeutung der Polyploidie in der Cyclamen-Züchtung. Züchter **8**, 106.
— 1941: Willkürliche Änderung des Geschlechtsverhältnisses und ihre Ausnutzung in der Pflanzenzüchtung. Die Umschau **49**, 772.
— 1953: Die vererbungswissenschaftlichen Grundlagen der Züchtung. 2. Auflage, Paul Parey, Hamburg und Berlin.
Kemmer, E. und F. Schulz 1939: Die Bedeutung des Sämlings als Unterlage. Ergänzung der Veröffentlichungen aus den Jahren 1934 und 1936. Landw. Jrb. **89**, 114.
Keppler, E. 1941: Inzuchtleistungen und Bastardisierungseffekt beim Radies (Raphanus sativus). Z. f. Pflanzenzchtg. **23**, 661.
Kobel, F. 1954: Lehrbuch des Obstbaus auf physiologischer Grundlage. 2. Aufl., Springer-Verlag, Heidelberg.
Krickl, M. 1944: Neue Möglichkeiten zur Züchtung von Speisezwiebeln. Forschungsdienst **16**, 227.
Lamprecht, H. 1950: Phaseolus-Arten. Handb. d. Pflanzenzchtg. (herausgegeben von Roemer und Rudorf) **5**, Verlag Paul Parey, Hamburg und Berlin.
— 1950: Gemüsekohlarten. Handb. d. Pflanzenzchtg. (herausgegeben von Roemer und Rudorf) **5**, Verlag Paul Parey, Hamburg und Berlin.
— 1952: Polymere Gene und Chromosomenstruktur bei Pisum. Agri Hortique Genetica.
Larson, R. E. 1941: The F_1 combining ability of certain tomato varieties. Proc. Amer. Soc. Hort. Sci. **39**, 313.
— and T. M. Currence, 1944: The extent of hybrid vigor in F_1 and F_2 generations of tomato crosses. Techn. Bull. Minn. Agric. Exp. Sta., Nr. 164, 32.
Lawrence, W. J. C. 1931: The Genetics and Cytology of Dahlia variabilis. Journ. Genet. **24**, 257.
— 1936: The origin of new forms in Delphinium. Genetica **18**, 109.
— and R. Scott-Moncrieff 1935: The genetics and chemistry of flower colour in Dahlia; a new theory of specific pigmentation. J. Genet. **80**, 155.
Mündler, M. und F. Schwanitz, 1942: Über einen Ertrags- und Düngungsversuch mit diploidem- und autotetraploidem Münchener Bierrettich (Raphanus sativus var. major L. A. Voss.). Züchter **14**, 137.
Murawski, H. und W. Blasse 1954: Untersuchungen an autotetraploiden Formen von Prunus cerasifera EHRH. Züchter **24**, 4.
Myers, C. H. and W. I. Fisher 1944: Experimental methods in cabbage breeding and seed production. Mem. Cornell Agric. Exp. Sta. Nr. 259, 29.
Plickert, K. v. 1936: Die Züchtung großblütiger superbissima-Petunien. Züchter **8**, 255.

Propach, H. 1939: Cytogenetik bei Zierpflanzen (Sammelreferat). Züchter **11**, 174—184.
Quadt, F. 1949: Untersuchungen über die Fertilität experimentell erzeugter tetraploider reiner Linien und Bastarde der Tomate. Z. f. Pflanzenzchtg. **28**, 1.
Rick, C. M. and G. C. Hanna, 1943: Determination of sex in Asparagus officinalis L. Amer. J. of Bot. **30**, 711.
Schelhorn, M. v. 1947: Über eine triploide Vogelkirsche. Züchter **17/18**, 232.
Schmidt, M. 1947: Beiträge zur Züchtungsforschung beim Apfel. I. Phänologische, morphologische und genetische Studien an Nachkommenschaften von Kultursorten. Züchter **17/18**, 161.
— 1948: Erreichtes und Erstrebtes in der Obstzüchtung. Züchter **19**, 135.
— 1954: Eine spätreife Sproßmutante der Kirschensorte „Königin Hortense". Züchter **24**, 215.
— 1950: Kern- und Steinobst. Handb. d. Pflanzenzchtg. (herausgegeben von Roemer und Rudorf) **5**, Verlag Paul Parey, Hamburg und Berlin.
— 1954: Weitere Mitteilungen über einen früher beschriebenen Fall gehäufter Chimärenbildung beim Apfel. Züchter **24**, 305.
Schneider, A. 1951: Untersuchungen über die Eignung von Erbsensorten für Zwecke der Naßkonservierung. Züchter **21**, 275.
Schreiber, F. 1943: Erfahrungen über Salatzüchtung. Kühn-Archiv **60**, 462.
Sengbusch, R. v. 1941: Polyploide Kulturpflanzen (Roggen, Hafer, Stoppelrüben, Kohlrüben und Radieschen). Züchter **13**, 132.
— 1942: Die Feststellung der Nichtpelzigkeit und der verschiedenen Grade der Pelzigkeit bei Radieschen mit Hilfe von spezifisch verschieden schweren Lösungen. Schulungsbriefe des Reichsverbandes für Pflanzenzucht Nr. 35.
Seyffert, W. 1955: Die Vererbung der Blütenfarben bei hemiploiden Cyclamen. Züchter **25**, 275.
— 1955: Über die Wirkung von Blütenfarbgenen bei Cyclamen. Z. f. ind. Abst. u. Vererbungsl. **87**, 311.
Shimotomai, N. 1938: Zur Karyogenetik der Gattung Chrysanthemum. J. Soc. Hiroshima Univ. Ser. B. **2**, 1.
Sneep, J. 1953: The significance of andromonoecy for the breeding of Asparagus officinalis L. Euphytica **2**, 89 u. 224.
Stubbe, H. 1952: Über einige theoretische und praktische Fragen der Mutationsforschung. Abhandlungen der Sächsischen Akademie der Wissenschaften zu Leipzig **47**, 1.
Welch, J. E. and E. L. Grimbal 1948: Male-Sterility in the Carrot. Science **100**, 594.
Woodbury, G. W. and H. K. Schultz 1944: Crown Division of Roots as an Adjunct to Carrot Breeding and Seed Production Studies. Proc. of the Amer. Soc. for Hortic. Sci. **44**, 488.
Wulff, H. D. 1951: Rosa Kordesii, eine neue amphidiploide Rose. Züchter **21**, 123.
Zinn, F. 1938: Die Genetik der Blütenfüllung bei Petunia hybr. hort. und die Züchtung allgefüllter Kultursorten. Gartenbauwiss. **12**, 273.
Zinn, F. 1944: Zur Methodik der Bestimmung der Wurzelform, des Herz-Rinden-Verhältnisses und des Zuckergehaltes bei Möhren. Z. f. Pflanzenzüchtg. **26**, 119.
Zoschke, U. 1956: Untersuchungen über die Bestimmung des Geschlechts bei Spinat (Spinacia oleracea L.) unter besonderer Berücksichtigung der Züchtung eines monözischen oder gleichzeitig schossenden Spinates. Z. f. Pflanzenzchtg. **35**, 257.

Erklärung der hauptsächlichsten Fachausdrücke

Allele, gleiche Gene, die sich in einem Chromosomenpaar — dem väterlichen und dem mütterlichen — an der gleichen Stelle gegenüberstehen. In den Geschlechtszellen ist jedes Gen mit einem Allel, in den Körperzellen mit zwei Allelen vertreten.

allopolyploid, mehrere Chromosomensätze verschiedener Arten enthaltend (gr. *allós* = anders, *polýs* = viel, *eídos* = Gestalt).

aneuploide Formen sind Pflanzen mit einzelnen überzähligen Chromosomen, die keinen Partner haben (gr. *âneu* = ohne, *diplóos* = zweifach, doppelt).

apogame Fortpflanzung, Entwicklung der Eizelle ohne Befruchtung (gr. *gameín* = heiraten, *apó* = entfernt).

Apomixis, Fortpflanzung ohne Befruchtung; es findet keine Kern- und Zellverschmelzung statt. Die Apomixis umfaßt die Agamospermie, bei der Samen ohne Befruchtung entsteht, und die vegetative Vermehrung (gr. *apó* = weg, entfernt, *mixos* = Vermischung, *gameín* = heiraten, *a* = drückt Verneinung aus, *spérma* = Samen).

asexuelle Fortpflanzung, ungeschlechtliche Fortpflanzung (lat. *a* = ohne sexus = Geschlecht).

autogam, selbstbefruchtend (gr. *autós* = derselbe, *gameín* = Gestalt).

autopolyploid, mehrere gleiche Chromosomensätze derselben Art enthaltend (gr. *autós* = derselbe, *polýs* = viel, *eídos* = Gestalt).

Chimäre, Pflanze mit genotypisch verschiedenem Gewebe. Bei Sektorialchimären ist das mutierte Gewebe in Sektoren ausgebreitet; bei Periklinalchimären liegen die verschiedenen Gewebe mantelförmig übereinander.

Chromosomen, Gebilde, die sich bei der Zellteilung aus dem Zellkern in bestimmter Zahl und Form herausdifferenzieren und stark färbbar sind (gr. *chrõma* = Farbe, *sõma* = Körper).

combining ability, siehe Kreuzungseignung.

diallele Kreuzungen, Kreuzungen, bei denen verschiedene Blüten einer Mutterpflanze mit den Pollen verschiedener Vaterpflanzen bestäubt werden, um so die beste Kombination zu ermitteln (gr. *dia* = durch, *allélos* = gegenseitig).

Diöcie, Zweihäusigkeit; männliche und weibliche Blüten, befinden sich getrennt auf verschiedenen Individuen (gr. *dís* = *doppelt*, *oikía* = Haus).

diploid, zwei Chromosomengarnituren besitzend (gr. *diplóos* = zweifach, *eídos* = Gestalt).

dominant nennt man das Merkmal, das nach Kreuzung zweier durch ein Merkmal unterschiedlicher Rassen in der 1. Generation in Erscheinung tritt (lat. *domināre* = herrschen).

epistatisch, verdeckend (gr. *epí* = auf, darüber, *stâsis* = stehen).

Gamete, Geschlechtszelle (gr. *gaméter* = Ehemann).

Gen, Erbfaktor, Erbeinheit (gr. *génos* = Geschlecht).

genetisch, auf die Erzeugung, Entstehung sich beziehend (gr. *genéa* = Abstammung).

G e n o m , die Gesamtheit der in einem Chromosomensatz liegenden Gene (gr. *génos* = Geschlecht, Abstammung, Gattung).

G e n o t y p , Erbbild, wie es durch den Bestand bestimmter Gene bestimmt wird (gr. *génos* = Geschlecht).

G e s c h l e c h t s c h r o m o s o m e n , ein bei getrenntgeschlechtlichen Organismen vorkommendes Chromosomenpaar, das in der Struktur und Funktion von den übrigen Chromosomen verschieden ist. Häufig sind beide Partner in Gestalt und Geninhalt verschieden (= heteromorph); zuweilen fehlt ein Partner. Sie enthalten die geschlechtsentscheidenden Gene. Wichtiger Mechanismus für die Vererbung des Geschlechts. S. auch Chromosomen.

G i g a s f o r m , Riesenform (gr. *gígas* = Riese).

G o n e , gleichbedeutend mit Gamete.

h a p l o i d , nur eine Chromosomengarnitur besitzend (gr. *haplóos* = einfach, *eídos* = Gestalt).

H e t e r o s i s , die nach Kreuzung von zwei Rassen auftretende Leistungssteigerung des Bastards, der aber ein Leistungsabfall in der nächsten Generation folgt (gr. *héteros* = ungleich).

h e t e r o z y g o t , spalterbig; die Allele eines Gens sind verschieden (gr. *héteros* = ungleich, *zygón* = Gespann).

h e t e r o m o r p h , verschiedengestaltig (gr. *héteros* = ungleich), *morphé* = Gestalt). S. auch Geschlechtschromosomen.

h o m o z y g o t , gleicherbig; die Allele eines Gens sind gleich (gr. *homós* = gleich, *zygón* = Gespann).

I d i o t y p , Erbbild; die Gesamtheit aller Erbanlagen umfassend (gr. *ídios* = dem einzelnen angehörig).

I n z u c h t , Selbstbestäubung von Individuen einer an sich fremdbestäubenden (= allogamen) Art. Durch die Selbstbestäubung tritt in der Nachkommenschaft eine Zunahme der Homozygotie ein und damit auch das Herausspalten durch recessive Gene bedingter Eigenschaften. Häufig sind die durch Selbstbestäubung entstandenen Nachkommen geschwächt. Auch Paarungen von Voll- und Halbgeschwistern bedeuten Inzucht.

K l o n , die durch ungeschlechtliche Fortpflanzung entstandene Nachkommenschaft eines Individuums (gr. *klóon* = Zweig).

K r e u z u n g s e i g n u n g (= combining ability); a) allgemeine Kreuzungseignung (= general combining ability), getrennte Kreuzungen verschiedener Genotypen mit einer Testsorte oder Testlinie und Prüfung der Nachkommenschaften auf ihre Leistung (Heterosis); auch „top-cross" genannt. Leistungssteigerung kommt durch eine günstige Ergänzung der Gene beider Eltern zustande; b) spezielle Kreuzungseignung (= specific combining ability), diejenigen Linien, die nach Kreuzung mit der gemeinsamen Testsorte, die höchste Leistung haben, werden in allen Kombinationen untereinander gekreuzt und ihre Nachkommenschaft geprüft = diallele Kreuzungen (engl. *combine* = verbinden, *ability* = Fähigkeit, Eignung).

l e t a l , tödlich (lat. *letâlis* = tödlich).

l u x u r i e r e n , sich übermäßig stark entwickeln, häufig beobachtet bei Bastarden (lat. *luxuriare* = üppig gedeihen).

M o d i f i k a t i o n , die durch äußere Bedingungen bewirkte nicht erbliche Veränderung eines Individuums (lat. *modificare* = abmessen, abwandeln).

M o n ö c i e , Einhäusigkeit, an einer Pflanze befinden sich sowohl männliche als auch weibliche Blüten (gr. *mónos* = allein, einzig, *oikía* = Haus).

m u l t i p l e Allele, Reihe von Allelen eines Gens, die dieselbe Eigenschaft, aber in verschiedenem Grade beeinflussen (lat. *multiplex* = vielfach, gr. *allélos* = gegenseitig).

M u t a t i o n , eine sprungweise auftretende erbliche Veränderung (lat. *mutâre* = ändern).

Nucellarembryonie, ein oder mehrere Zellen des Nucellus wachsen in den Embryosack und entwickeln sich dort an Stelle befruchteter Eizellen zu Embryonen (lat. *nucellus* = Nuß, *embryo* = Keimling).

Ökologie, Lehre von den Beziehungen der Pflanze zu ihrer Lebenslage wie Klima, Boden, Nahrung (gr. *oikía* = Haus, *lógos* = Wort, Lehre).

Parasterilität, bei Selbstbestäubung erfolgt trotz Vorhandenseins seins funktionsfähiger Pollenkörner keine Befruchtung (gr. *pará* = neben, lat. *sterilis* = unfruchtbar).

Parthenogenesis, jungfräuliche Entstehung; Entwicklung der Eizelle ohne Befruchtung (gr. *parthenós* = Jungfrau, *génesis* = Entstehung).

Parthenokarpie, Jungfernfrüchtigkeit, Entwicklung der Frucht ohne Befruchtung; keine Samenbildung (gr. *parthenós* = Jungfrau, *carpós* = Frucht).

Phänotyp, Erscheinungsbild, unter dem sich häufig verschiedene Genotypen verbergen; daher haben gleiche Phänotypen oft verschiedene Nachkommenschaften (s. auch bei „Genotyp") (*phanomai* = erscheinen).

Photoperiodismus, das Verhalten von Pflanzen gegenüber verschiedenen Tageslichtlängen in bezug auf ihren Entwicklungsverlauf (gr. *phōs*, Gen. *phōtós* = Licht, *períodos* = Umlauf).

Plasmon, die Gesamtheit der im Plasma gelegenen Erbelemente, die sich wie die Kerngene selbst vermehren. Die Eigenschaftsbildung kommt durch das Zusammenwirken von Kern- und Plasmagenen zustande (gr. *plasma* = Form).

Polycross, Bestäubung verschiedener Genotypen (häufig Inzuchtlinien oder Klone) untereinander, die eine gute Kreuzungseignung zeigen und daher in der Nachkommenschaft einen Heterosiseffekt ergeben (gr. *polýs* = viel, engl. *cross* = kreuzen).

Polyploidie, Vervielfachung von Chromosomensätzen (gr. *polýs* = viel, *eídos* = Gestalt).

polygen, durch mehrere Gene bedingt (gr. *polýs* = viel, *genós* = Geschlecht).

Pfropfbastarde, Transplantation eines Reises auf eine genotypisch verschiedene Unterlage. Beim Zurückschneiden entstehen aus der Verwachsungsstelle zuweilen Triebe, die Sektorial- oder Periklinalchimären darstellen.

rezessiv nennt man das Merkmal, das nach Kreuzung zweier durch ein Merkmal unterschiedenen Rassen in der 1. Generation nicht bemerkbar ist (lat. *recéssus* = Rückschritt).

subletal, an der Grenze der Lebensfähigkeit stehend (lat. *sub* = vor, *letális* = tödlich).

Synöcie, Gemischtgeschlechtlichkeit; auf einem Individuum befinden sich beide Geschlechter entweder in Form von zwittrigen Blüten oder von männlichen und weiblichen Blüten zusammen (Monöcie) (gr. *syn* = zusammen, *oikía* = Haus).

Transgression, Überschreitung; in der 2. Generation einer Kreuzung treten zuweilen Individuen auf, die in bezug auf quantitative Eigenschaften in positiver oder negativer Richtung über die Ausmaße der elterlichen Eigenschaften hinausgehen (lat. *transgredíre* = überschreiten).

Zygote, die aus der Befruchtung (Verschmelzung) zweier haploider Gameten (Ei- und Samenzelle) hervorgegangene diploide Zelle (befruchtetes Ei) (gr. *zygón* = Joch, Gespann).

Einleitung

Nachdem bereits im Band 1134 dieser Sammlung ein allgemeiner Überblick über die Züchtungsmethoden und ihre genetischen Grundlagen gegeben worden ist, behandelt der vorliegende Band die speziellen Züchtungsmethoden, die bei der Verbesserung der im Gartenbau genutzten Kulturpflanzen in Anwendung zu bringen sind. In enger Verbindung hiermit stehen auch die Fragen der Saatguterzeugung und Vermehrung der Sorten, die Frage der Erhaltung ihrer Leistungsfähigkeit durch züchterische Kontrollen und die weiteren Zielsetzungen in der Züchtung. Die Methoden der Prüfung des Zuchterfolges konnten dagegen keine eingehendere Behandlung erfahren, da hierdurch der enge Rahmen des vorliegenden Bandes bei weitem überschritten würde.

Die Zahl der im Gartenbau genutzten Kulturpflanzen ist außerordentlich groß. Um den Überblick zu erleichtern, ist daher eine Unterteilung in drei Abschnitte vorgenommen worden.

I. Züchtung von Gemüse,
II. Züchtung von Obst,
III. Züchtung von Blumen und Zierpflanzen.

Diese Einteilung ist auch insofern berechtigt, als der Schwerpunkt der in diesen drei Abschnitten anzuwendenden Zuchtmethoden verschieden gelagert ist.

Zum besseren Verständnis der Zuchtmethoden wurde eine größere Anzahl schematischer Darstellungen eingefügt. Die Zeichnungen der Schemata ebenso wie die Umzeichnungen von Abbildungen wurden von meiner Mitarbeiterin Fräulein Gertrud Lingesleben ausgeführt, wofür ich ihr an dieser Stelle vielmals danke. Meinem Kollegen, Herrn Professor Dr. de Haas, bin ich für die Durchsicht des Abschnittes „Züchtung von Obst“ und meinen Mitarbeitern, Herrn Dr. H. Rundfeldt, Herrn Dr. R. Reimann-Philipp und Herrn cand. rer. nat. A. R. Kranz für mannigfache Hinweise und das Lesen der Korrekturen zu Dank verpflichtet.

I. Züchtung von Gemüse

Die bei der züchterischen Verbesserung anzuwendenden Methoden werden weitgehend bestimmt von der Fortpflanzungsbiologie der betreffenden Gemüseart, ob dieselbe vorwiegend Selbst- oder Fremdbefruchter ist. Die biologischen Grundlagen sind aber nicht allein maßgebend für die Wahl der Züchtungsmethode: Auch der jeweilige Stand der Züchtung und vor allem wirtschaftliche Gesichtspunkte sind oft entscheidend, ob zur Erreichung eines Zuchtzieles sich der Einsatz komplizierter und kostspieliger Methoden lohnt, oder ob man sich durch Anwendung einfacher Methoden mit einem Teilerfolg begnügen muß. Erwägungen und Entscheidungen über das wirtschaftlich vertretbare Ausmaß des züchterischen Aufwandes können aber verschieden ausfallen, je nachdem, ob die Züchtung von einem Privatunternehmen oder von einem staatlichen Institut ausgeführt wird.

Vom genetisch-züchterischen Standpunkt gibt aber die Art der Fortpflanzungsbiologie den Ausschlag über die Wahl der Zuchtmethode. Wenn auch grundsätzlich Selbst- und Fremdbefruchter nach denselben Methoden gezüchtet werden können, so haben doch züchterische Erfahrungen und genetische Erkenntnisse gelehrt, daß bestimmte Methoden sich bei den Selbsbefruchtern als besonders wirkungsvoll erwiesen haben, während bei den Fremdbefruchtern andere Methoden größere Erfolge brachten. Die Züchtung von Gemüsearten wird daher in zwei Abschnitte unterteilt, in den der selbstbefruchtenden und in den der fremdbefruchtenden Gemüsearten.

Für beide Gruppen sind einige wirtschaftlich wichtige Gemüsearten herausgegriffen worden, an denen auf Grund praktischer und wissenschaftlicher Erkenntnisse die Züchtungsmethoden beschrieben und erläutert werden. Die einzelnen Methoden werden vorzugsweise an *den* Objekten beschrieben, an denen die größten Erfahrungen mit ihnen gewonnen wurden. Selbstverständlich kann mutatis mutandis eine für eine Gemüseart beschriebene Methode auch auf eine andere übertragen werden. Vielfach sind entsprechende Hinweise gegeben worden, besonders dann, wenn durch ihre sinnvolle Anwendung weitere Züchtungsfortschritte zu erwarten sind.

Die allgemeinen Zuchtziele sind in den beiden Gruppen der Selbst- und Fremdbefruchter die gleichen, aber verschieden leicht zu verwirklichen. Wenn auch bei allen Gemüse-Neuzüchtungen ein hoher Ertrag gefordert wird, so ist doch diese Forderung nicht so dominierend wie in der landwirtschaftlichen Pflanzenzüchtung.

Häufig noch wichtiger als der absolute Ertrag ist die Forderung nach Sorten mit bestimmten Reifezeiten, um den Markt über einen langen Zeitraum beliefern zu können. Ein wichtiges Zuchtziel ist bei der heutigen Forderung nach Standardware die Ausgeglichenheit der Sorten, die ihre Marktgängigkeit sehr erhöht. Auch qualitative Eigenschaften, wie die nach einem bestimmten Geschmack und Gehalt an Nährstoffen und Vitaminen, ferner nach einer guten Lagerungs- und Verarbeitungsfähigkeit für die verschiedensten Formen der Konservierung (Naß- und Gefrierkonserve, Trockengemüse) sind bei der Züchtung neuer Sorten zu berücksichtigen. Neben diesen inneren Werteigenschaften spielen oft auch rein äußerliche Merkmale wie die der Farbe und Form für die Marktgängigkeit einer neuen Sorte eine große Rolle, so daß sie vom Züchter bei der Auslese berücksichtigt werden müssen. Leider sind die Ansprüche an diese äußeren Merkmale gebietsweise sehr wechselnd und auch der Mode unterworfen, so daß sie zuweilen die einer Sorte zukommende Verbreitung verhindern. – Für den Gemüsebauer sind aber nicht nur die den Marktwert bestimmenden Eigenschaften einer Sorte von Bedeutung, sondern auch ihre mehr oder weniger große Widerstandsfähigkeit gegen Krankheiten und ungünstige Klima- und Witterungsbedingungen. Der Gemüsezüchter sieht sich also einer Fülle von Forderungen des Anbauers und des Verbrauchers gegenübergestellt, die alle restlos zu befriedigen ihm wohl kaum einmal gelingen wird. Dem idealen Ziel wird er aber um so näher kommen, je wirkungsvoller die Methoden sind, die er an einem günstigen Ausgangsmaterial anzusetzen in der Lage ist.

Das Auffinden und Einsetzen eines geeigneten Ausgangsmaterials und die Anwendung einer zweckmäßigen Züchtungsmethode sind die wichtigsten Voraussetzungen für den Erfolg der züchterischen Arbeit.

A. Züchtung von selbstbefruchtenden Gemüsearten

1. Allgemeines über die Züchtungsmethoden

Die wichtigsten Methoden in der Züchtung von selbstbefruchtenden Gemüsearten sind die Individualauslese mit Prüfung der Nachkommenschaften und die Kombinations- oder Kreuzungszüchtung. Welcher dieser Methoden der Vorzug zu geben ist, hängt von dem Stand der Züchtung ab, auf dem sich das betreffende Land befindet und von der Aufgabe, die dem Züchter gestellt ist. Sind in einem Gebiet noch Landsorten, d. h. genetische Populationen von Bohnen, Erbsen, Salaten und anderen Arten vorhanden, so wird man versuchen, Züchtungsfortschritte durch eine Zerlegung der Landsorten in reine Linien zu erreichen und unter ihnen solche auslesen, die in ihrer Leistungsfähigkeit die Ausgangspopulation übertreffen. Dies geschieht am schnellsten und billigsten durch die Methode der Individualauslese mit Prüfung der Nachkommenschaft. Erst wenn diese Möglichkeiten ausgeschöpft sind, oder bestimmte, erwünschte Genotypen in den bodenständigen Populationen nicht enthalten sind, wird der Züchter zur Kreuzungszüchtung übergehen, die bedeutend mehr Aufwand erfordert und langwieriger ist.

Weitere Möglichkeiten der züchterischen Verbesserung von selbstbefruchtenden Gemüsearten liegen in der Anwendung der Mutationszüchtung, d. h. in der Erzeugung von Genmutationen oder in der Herstellung polyploider Rassen. Die Erzeugung von Genmutationen hat bereits zu praktischen Erfolgen in der Pflanzenzüchtung geführt; der technische Aufwand und die Schwierigkeiten in der Durchführung sind aber erheblich größer als in der Kombinationszüchtung. Ihr Vorteil liegt darin, daß bei der Mutationsauslösung nur einige wenige Eigenschaften oder Eigenschaftskomplexe verändert werden, während der ursprüngliche Sortencharakter weitgehend erhalten bleiben kann. Bei der Kombinationszüchtung verschwindet dagegen nach der Kreuzung der Sortencharakter der gekreuzten Eltern; es entsteht häufig eine ungeheure Variationsbreite genetischer Typen, aus denen die gewünschten Formen auszulesen, es oft langwieriger Selektionen bedarf, die man nur durch die Anwendung von Rückkreuzungen erleichtern und beschleunigen kann.

Die Erzeugung autopolyploider Formen durch Verdoppelung der Chromosomensätze einer Species, die ebenfalls in die Gruppe der Mutationszüchtung gehört, hat bei selbstbefruchtenden Gemüsearten bisher zu keinen Erfolgen geführt. Auf Grund praktischer Erfahrungen und evolutionsgenetischer Erkenntnisse sind mit dieser Methode kaum züchterische Fortschritte bei den selbstbefruchtenden Gemüsearten zu erwarten.

Die Herstellung von Heterosissorten, die heute eine steigende Bedeutung als Züchtungsmethode bei den Fremdbefruchtern gewonnen hat, ist aus technischen Gründen nur bei wenigen Selbstbefruchtern, wie z. B. bei der Tomate anwendbar.

Im Vordergrund des züchterischen Interesses dürfte daher wohl heute in den meisten Ländern die Methode der Kombinationszüchtung zur Verbesserung der selbstbefruchtenden Gemüsearten stehen; sie bietet die größten Erfolgsaussichten, und sie ist auch bei weitem noch nicht ausgeschöpft. Wie die Anwendung dieser praktisch zu geschehen hat, wird im folgenden am Beispiel der Bohnen-, Erbsen-, Salat- und

Tomatenzüchtung erläutert, nachdem ebenfalls an diesen Arten die Methode der Individualauslese mit Prüfung der Nachkommenschaft die ihr auch heute noch gebührende Beachtung erfahren hat.

2. Züchtung von Bohnen

Die Phaseolus-vulgaris-Bohnen sind erst im 16. Jahrhundert aus Amerika nach Europa gekommen. Das Mannigfaltigkeitszentrum der Gattung befindet sich in Zentralamerika. Unter den 230 bekannten Arten, von denen einige für Amerika und Asien endemisch sind, befinden sich etwa 9 kultivierte Arten. Ihre Chromosomenzahl ist n = 11. Phaseolus vulgaris wird in zwei verschiedenen Varietäten genutzt, als Busch- und Stangenbohnen, die durch ein Hauptgen Fin-fin voneinander unterschieden sind: Fin bewirkt ein unbegrenztes Rankenwachstum, so daß die Stangenbohnen durch die genetische Konstitution Fin Fin bzw. Fin fin gekennzeichnet sind und die Buschbohnen durch fin fin; diese zeigen ein begrenztes Sproßwachstum. — Nahe verwandt mit Phaseolus vulgaris ist Phaseolus multiflorus oder coccineus, die Feuerbohne. Sie hat aber als Gemüse und auch als Zierpflanze nur eine geringe Bedeutung. Sie ist überwiegend ein Fremdbefruchter; die Bestäubung erfolgt durch Hummeln. Phaseolus vulgaris ist dagegen ein Selbstbefruchter, bei dem nur vereinzelte Fremdbefruchtungen vorkommen, deren Höhe selten 1 % überschreiten dürfte.

Nach der Einwanderung der Bohne aus Amerika ist es in vielen Gebieten Europas zur Bildung von Lokalsorten gekommen, die in früheren Zeiten das beste Ausgangsmaterial für züchterische Verbesserungen mit Hilfe der Individualauslese darstellten. Sofern es einem Züchter gelingt, in den Besitz noch nicht züchterisch bearbeiteter Landsorten zu kommen, können auch heute noch aus diesen wertvolle Genotypen gewonnen werden.

Die Zerlegung einer Population in ihre genetischen Komponenten erfolgt nach dem in Abb. 1 dargestellten Schema. Aus dem Bestand der Landsorte werden etwa 200—500

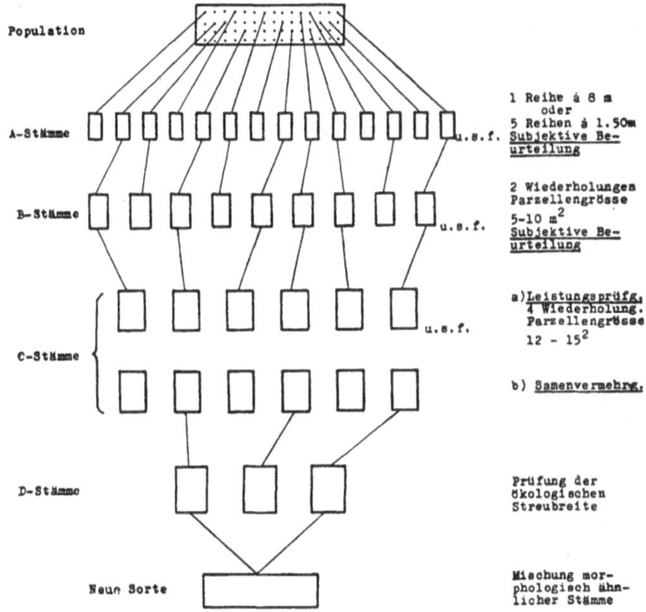

Abb. 1. Schema der Individualauslese mit Nachkommenschaftsprüfung bei Buschbohnen

Einzelpflanzen (Eliten) ausgelesen; der Umfang der Auslese wird bestimmt durch die genetische Variationsbreite der Population und die dem Züchter zur Verfügung stehenden Arbeitsmöglichkeiten. Die erste Auslese erfolgt zunächst subjektiv mit dem Auge nach Wuchsform, Behang und Form sowie Länge der Hülse und Gesundheit. Enthält die Population grün- und gelbhülsige Formen, so ist die eine Gruppe, und zwar die mit der geringen Individuenzahl, durch Stäbe oder andersartig zu markieren. Durch Anreißen der Hülsen erfolgt eine Prüfung auf Fädigkeit, eine Eigenschaft, die sich rezessiv vererbt: st st-Pflanzen haben fädige Hülsen; während die dominanten St st und St St-Genotypen fadenlos sind. Eine Ertragsanalyse der Einzelpflanzen durch Feststellung der Hülsenzahl, der Kornzahl je Hülse und des 1000-Korngewichtes kann als überflüssig angesehen werden, einmal infolge der starken Variationsbreite der Meßwerte, hervorgerufen durch Umwelteinflüsse, und zum anderen durch die Tatsache, daß die Erträge der Grünpflücke durchaus nicht den Trockenkornerträgen zu entsprechen brauchen. Nach dem Drusch erfolgt eine weitere Auslese vor allem nach Farbe, Form und Zahl der Körner. Weiße Kornfarbe wird wegen ihrer besseren Konservierungseignung bevorzugt.

Die Nachkommenschaften aller ausgelesenen Pflanzen werden als sogenannte A-Stämme angebaut und geprüft. Da im Durchschnitt von einer Einzelpflanze 50—100 saatfähige Körner geerntet werden, können die A-Stämme bereits in einer entsprechend großen Parzelle ausgesät werden. Die Aussaat erfolgt am besten als Dippelsaat in einem Reihenabstand von 35—40 cm und in einem Abstand in der Reihe von 20—25 cm, und zwar je Pflanzstelle mit 2 oder 3 Körnern. Auf diese Weise entstehen gleichmäßige Bestände, auch wenn eine Pflanze an einer Saatstelle ausfällt. Jeder A-Stamm kann bei dieser Aussaat entweder in einer einzigen langen Reihe von 5—8 m ausgesät werden, oder in einem Beet aus 4—5 Reihen von ca. 1,5 m Länge. Es ist zweckmäßig, alle A-Stämme gleich groß anzulegen und nach etwa jedem 10. A-Stamm eine Standardparzelle zum Vergleich einzuschalten. Als Standard wird die Ausgangspopulation oder eine bestehende, gute Konkurrenzsorte benutzt, die der Züchter noch zu übertreffen wünscht. Die Beurteilung und Auslese der A-Stämme erfolgt auf Grund der Beobachtungen in der Vegetationszeit, die vornehmlich subjektiv nach dem Augenschein gemacht werden, und zwar immer im Vergleich zum Standard. Ertragsfeststellungen der Grünpflücke und qualitative Beurteilungen müssen bis zur C-Stammprüfung zurückgestellt werden, da sonst die Vermehrung der Stämme verzögert würde. Zu den Beobachtungen in der Vegetationszeit gehören vor allem Feststellungen über Wuchsfreudigkeit, Vegetationslänge, Verhalten gegen Krankheiten, Dürre, Nässe, Ausgeglichenheit, Form des Busches, Form, Länge und Fadenlosigkeit der Hülsen u. a. m. Auf Grund dieser Feststellungen und des allgemeinen Eindrucks, den der Züchter im Laufe der Vegetationszeit von seinen Stämmen gewonnen hat, werden 80—90 % der A-Stämme wieder ausgeschieden und die verbliebenen in die B-Stammprüfung gebracht. Die Ernte der A-Stämme liefert im allgemeinen so viel Saatgut, daß die B-Stammprüfung in Parzellen von etwa 5—10 m^2 mit zwei Wiederholungen angelegt werden kann, und zwar mit einem Standard nach jedem 4. B-Stamm. Die Aussaat erfolgt entweder mit einer einreihigen Drillmaschine oder als Dippelsaat mit der Hand. Beobachtungen und Beurteilungen werden ganz ähnlich denen bei der A-Stammprüfung durchgeführt, sind aber bereits viel zuverlässiger, da sie an größeren Parzellen mit Wiederholungen gewonnen wurden. Ertragsfeststellungen an Trockenbohnen sind erstmalig möglich und auch interessant, da hohe und sichere Samenernten die Kosten der Saatgutproduktion senken, und derartige Sorten von den Saatgutvermehrern bevorzugt werden. Nach Ausscheiden von etwa 60—80 % der B-Stämme kommen die restlichen in die C-Stammprüfung.

Die C-Stammprüfung besteht aus zwei Teilen: Aus einer Leistungsprüfung mit etwa vier Wiederholungen zur Feststellung der Eigenschaften als Gemüse und einer Parzelle, die der weiteren Saatgutvermehrung des Stammes dient. Der Umfang der Leistungsprüfung hängt von der Menge des Saatgutes ab; auf alle Fälle muß eine genügend große Menge für die Vermehrung der Stämme zurückbehalten werden. In der Leistungsprüfung erfolgt nicht nur eine Feststellung des Gesamtertrages an frischen, grünen oder gelben Hülsen; auch die Zahl der notwendigen Pflücken mit den entsprechenden Erträgen und ihr Zeitpunkt sind von großer Bedeutung. Ferner sind qualitative Eigenschaften wie Fleischigkeit, Geschmack, Eignung für Konservierung u. a. zu prüfen. Die C-Prüfung gibt die ersten Anhaltspunkte über den Erfolg der bisher geleisteten Zuchtarbeit. Die Zuverlässigkeit der Ergebnisse muß aber noch durch weitere Prüfungen in den folgenden Jahren bestätigt werden. In gleicher Weise wie die C-Prüfungen sind in den folgenden Jahren die D- und E-Prüfungen auszuführen, nur mit dem Unterschied, daß die Zahl der Wiederholungen vermehrt werden kann und die Prüfungen an verschiedenen Stellen mit unterschiedlichen Umweltbedingungen durchgeführt werden können, um die ökologische Streubreite festzustellen.

Auf Grund der C- und D-Prüfungen wird der Züchter bereits in der Lage sein, Saatgut von erfolgversprechenden Stämmen an die amtlichen Prüfungsstellen einzuschicken, von deren mehrjährigen Prüfungsergebnissen die Zulassung seines Stammes als „Hochzucht" abhängt.

Erweisen sich in den D- und E-Prüfungen mehrere Stämme in ihren Leistungen und morphologischen Merkmalen als weitgehend ähnlich, zeigen aber unter verschiedenen Umweltbedingungen, wie Boden, Trockenheit und Feuchtigkeit, ein unterschiedliches Verhalten, so ist es zweckmäßig, diese miteinander zu mischen. Die Anpassungsfähigkeit und die ökologische Streubreite einer Sorte kann sich hierdurch erhöhen.

Eine weit größere Bedeutung als die Auslesezüchtung hat die *Kombinationszüchtung* bei Bohnen. Die Mehrzahl der neueren Sorten, die eine erhebliche Verbesserung vor allem in qualitativer Hinsicht brachten, wurde mit dieser Methode geschaffen. Auch in der Zukunft werden bei ihrer Anwendung noch weitere große Fortschritte zu erzielen sein.

Am Anfang jeder Kombinationszüchtung steht die Auslese der geeigneten Sorten, die als Eltern für die Kreuzungen gebraucht werden sollen. Hierzu ist eine genaue Kenntnis der Sorten und ihrer Werteigenschaften notwendig, die sich jeder Züchter im Laufe der Jahre nur durch praktische Erfahrungen und Beobachtungen aneignen kann. Dazu gehört die ständige Unterhaltung eines Sortimentes, das nicht nur alte und neue Zuchtsorten auch aus fremden Ländern enthalten soll, sondern auch Linien (Genotypen), die im Laufe der eigenen Zuchtarbeit entstanden sind und sich durch bestimmte wertvolle Eigenschaften auszeichnen. Kenntnisse über den Erbgang von Werteigenschaften vermögen die Auswahl der geeigneten Elternsorten wohl wirkungsvoller zu gestalten, den eigentlichen Zuchtwert eines Kreuzungspartners lernt man aber erst auf Grund der Aufspaltungsergebnisse mehrerer mit ihm durchgeführter Kreuzungen kennen.

Die Anzucht der Kreuzungseltern erfolgt mit Vorteil in Blumentöpfen (Durchmesser 15—18 cm). Diese erleichtern die Handhabungen bei den Kreuzungen ganz erheblich, erlauben durch leichte Modifizierung der Umweltbedingungen eine Angleichung der Blühtermine beider Eltern und lassen die gekreuzten Blüten viel leichter vor Beschädigungen durch Unwetter und Schädlinge schützen, als dies bei Kultur im Freiland der Fall ist.

Kreuzungen sind nicht schwer durchzuführen, wenn man auf das Kastrieren verzichtet. Durch die Kastration wird die Blüte meist so in Mitleidenschaft gezogen, daß nach der Befruchtung kein Samenansatz erfolgt. — Das Öffnen der Knospe geschieht mit einer Pinzette. Nachdem die Fahne zurückgebogen worden ist, werden die Flügel herabgedrückt, wodurch die Narbe aus dem Schiffchen heraustritt, ohne daß die Staubbeutel in diesem frühen Zeitpunkt schon geplatzt sind und den Pollen auf die Narbe entleert haben. Die aus dem Schiffchen herausgetretene Narbe wird sofort mit dem Staub aufgeblühter Blüten befruchtet. Bricht man hierzu den Griffel der Vatersorte kurz unter der Narbe ab, so erhält man gleichzeitig den größten Teil des Pollens mit. Nach der Befruchtung wird die Knospe wieder geschlossen. Wählt man als Vater eine Sorte mit dominanten Genen, so können in der F_1 Individuen aus eigener Bestäubung als solche leicht erkannt werden. Es empfiehlt sich also als Vatersorte diejenige mit dominanten Merkmalen zu nehmen, wie z. B. Fadenlosigkeit, buntes Korn, ovaler Hülsenquerschnitt, grüne Hülsenfarbe usw. Zeigt der Bastard die betreffende dominante Eigenschaft der väterlichen Sorte, so ist die Kreuzung mit Sicherheit gelungen. Die F_1 ist im allgemeinen von einem einheitlichen Phaeno- und Genotyp, sofern die Eltern homozygot waren. Zuweilen zeigt der Bastard einen Heterosiseffekt; seine Leistung liegt über der des leistungsstärkeren Elter. Wenn auch diese Heterosis der F_1 selten ohne weiteres in den späteren Generationen zu fixieren ist, so gibt sie doch einen Hinweis auf das genetische Potential, das zunächst durch die Kombination der Genotypen beider Eltern geschaffen wurde, und damit die Möglichkeiten ihrer späteren Realisierung durch zweckmäßige Zuchtmethoden wie Auslese, Rückkreuzungen, konvergente Rückkreuzungen usw. Ist die F_1 einheitlich, so können unbedenklich alle F_1-Pflanzen zusammen geerntet werden, falls nicht mit den züchterischen Versuchen gleichzeitig genetische Untersuchungen durchgeführt werden sollen. Die F_2 ist mit einer möglichst großen Individuenzahl zu kultivieren, hierzu ist eine nicht zu kleine F_1 von mindestens fünf, besser zehn Pflanzen, erforderlich, die zur Erzielung einer großen Samenmenge unter optimalen Kulturbedingungen gehalten werden müssen.

Wie gestaltet sich nun die Auslese in F_2? Da die Eltern sich nicht nur in *den* Genen unterscheiden, um deretwillen sie gekreuzt wurden, sondern noch in einer Vielzahl weiterer Gene, entsteht in der F_2 meistens eine ungeheure Mannigfaltigkeit von Genotypen und Phaenotypen, aus der die gewünschten Formen durch Auslese herauszufinden oft mit großen Schwierigkeiten verbunden ist. Diese Selektion in F_2 und den Folgegenerationen kann auf verschiedenen Wegen erfolgen, von denen drei hier behandelt werden.

Entsprechend dem in Abb. 13 des Bandes 1134 dargestellten Schema kann mit der Auslese von Einzelpflanzen in F_2 begonnen werden, die phaenotypisch dem Zuchtziel entsprechen oder ihm nahe kommen. Von jeder ausgelesenen

Pflanze wird als F_3-Generation ein A-Stamm*) gezogen; die restlichen F_2-Pflanzen werden beseitigt. Da die Mehrzahl aller F_2-Pflanzen heterozygot ist, treten auch in der Mehrzahl der F_3-Nachkommenschaften (A-Stämme) Spaltungen auf, so daß in den meistversprechenden unter ihnen wiederum Auslesen von Einzelpflanzen vorgenommen werden müssen. Während diese im nächsten Jahr erneut in die A-Stammprüfung (F_4-Generation) kommen, werden die restlichen Pflanzen aller F_3 kassiert. Dieser Vorgang der fortgesetzten Auslese von Einzelpflanzen aus A-Stämmen wird so lange fortgesetzt, bis ein einheitlicher, homozygoter Stamm gefunden ist. Bei Kreuzungen von Rassen, die in ihrer genotypischen Konstitution sehr ähnlich sind, und bei denen vor allem die Kombination qualitativer Merkmale wie Hülsenfarbe, Kornfarbe u. a. erstrebt wird, die einfach mendelnde Spaltungen zeigen, kann diese Art der Auslese aus der F_2 und den Folgegenerationen schnell zu einem Erfolg führen. Bei Kreuzungen ferner stehender Rassen mit Spaltungen in wichtigen, quantitativen, polygen-bedingten Merkmalen ist dies nicht der Fall.

Der zweite Weg verzichtet auf eine Auslese in den ersten Spaltungsgenerationen und beginnt mit dieser erst in F_5 oder noch später (s. Abb. 2). Von der F_2 ab wird die gesamte Nachkommenschaft im ganzen als Population vermehrt. Da hierbei im Laufe der Generationen eine Anreicherung der Homozygoten und Abnahme der Heterozygoten stattfindet, wird bei einer Auslese von Einzelpflanzen in der F_5 oder später die Mehrzahl ihrer Nachkommenschaft bereits einheitlich sein. Gleichzeitig kann mit einer Verminderung nicht-angepaßter Formen durch die natürliche Auslese gerechnet werden, so daß auch hierdurch die Auslese in späteren Generationen erfolgreich zu werden verspricht.

*) Spaltende, genetisch nicht einheitliche Nachkommenschaften werden im allgemeinen als „Familien" bezeichnet; während die Bezeichnung „Stamm" der genetisch einheitlichen Nachkommenschaft einer Einzelpflanze vorbehalten ist. Bei Fremdbefruchtern spricht man daher im allgemeinen von Familien statt von Stämmen. In der Kreuzungszüchtung von Selbstbefruchtern gehen durch die Auslese des Züchters die Familien allmählich in Stämme über.

Andererseits muß in Betracht gezogen werden, daß die natürliche Auslese auch in einer dem Zuchtziel entgegengesetzten Richtung wirken kann, und daß durch die feld-

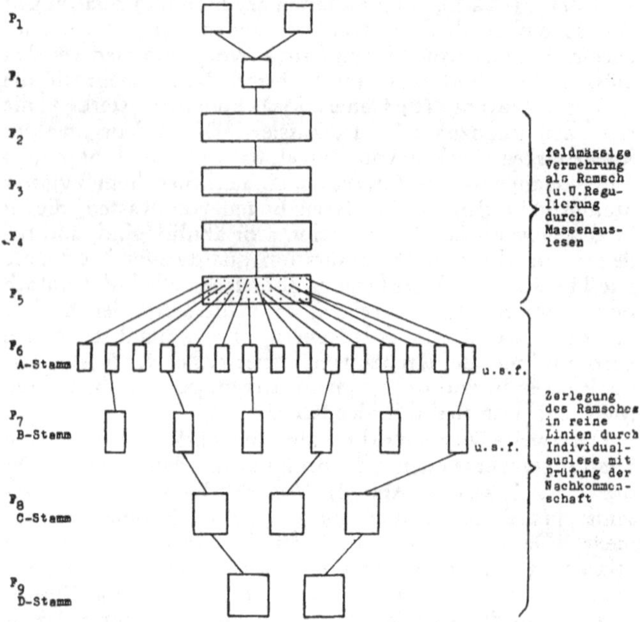

Abb. 2. Schema der Kombinationszüchtung bei Buschbohnen unter Benutzung der Ramschmethode

mäßige Vermehrung der Populationen viel Land benötigt wird, wenn hierbei keine Genotypen verlorengehen sollen*). Auf alle Fälle sollte der Züchter die Richtung der natürlichen Auslese zu lenken und durch eigene Auslesen zu unterstützen suchen. Dies kann durch eine negative

*) Bei Stangenbohnen ist dieses Verfahren wirtschaftlich nicht tragbar, ebenso wie bei anderen, viel Raum beanspruchenden Kulturpflanzen (Tomaten, Kürbis, Gurken).

Massenauslese geschehen, indem unerwünschte, rezessive Genotypen wie fädige Bohnen ausgemerzt und durch eine positive Massenauslese, indem Populationsgruppen gebildet werden. Vereinigt man z. B. alle weißkörnigen Pflanzen zu einer Gruppe, so sollte man die restlichen buntkörnigen noch nicht beseitigen, sondern aus ihrem nächstjährigen Nachbau die neu herausgespaltenen weißkörnigen Pflanzen auslesen und zu der bereits bestehenden weißkörnigen Populationsgruppe hinzufügen.

Dieses als „Ramschzüchtung" bezeichnete Verfahren hat zwar große Vorteile, indem es die Schwierigkeiten einer fortgesetzten Auslese von Einzelpflanzen bis zur Erreichung der Homozygotie umgeht und sich gleichzeitig die Wirkung der natürlichen Auslese zunutze macht; es birgt aber auch noch andere, nachteilige Momente. Die größte Zahl von Pflanzen mit einer Vielzahl günstiger Gene, wenn auch im heterozygoten Zustand, sind in der F_2 enthalten. Entgehen diese der Auslese infolge einer ramschmäßigen Vermehrung, so sind sie für immer verloren. Im dritten Zuchtverfahren wird diese Gefahr vermieden, ohne auf die Vorteile des zweiten Zuchtverfahrens zu verzichten (s. Abb. 3). Es werden eine große Zahl guter Phaenotypen aus der F_2 ausgelesen und als A-Stämme (= Familien) bis zur F_5 oder F_6 getrennt weiter gezogen. Hierbei kommen sie, sobald genügend Saatgut von ihnen vorhanden ist, in eine Leistungsprüfung zusammen mit einigen Vergleichssorten. Auslesen von Einzelpflanzen werden in diesem Zeitraum nicht vorgenommen; dagegen werden auf Grund der Leistungsprüfungen besonders schlechte Familien in ihrer Gesamtheit ausgeschieden. Nach der F_6-Generation werden an Hand der Ergebnisse aller Prüfungsjahre die leistungsfähigsten Familien ausgesucht, um diese durch eine neu einsetzende Individualauslese mit Prüfung von Nachkommenschaften rein zu züchten. Die Mehrzahl der ausgelesenen Pflanzen wird sich bereits als homozygot erweisen. Dieses Zuchtverfahren hat den großen Vorteil, daß es sich einmal die automatische Zunahme der Homozygotie im Laufe der Generationen zunutze macht und dabei gleichzeitig die starke Heterogenität des Zuchtmaterials erhält.

Gelingt es nicht, auf den genannten Wegen das gewünschte Zuchtziel aus einer Kreuzung zu erreichen, sondern nur Teilerfolge, so stehen dem Züchter noch weitere

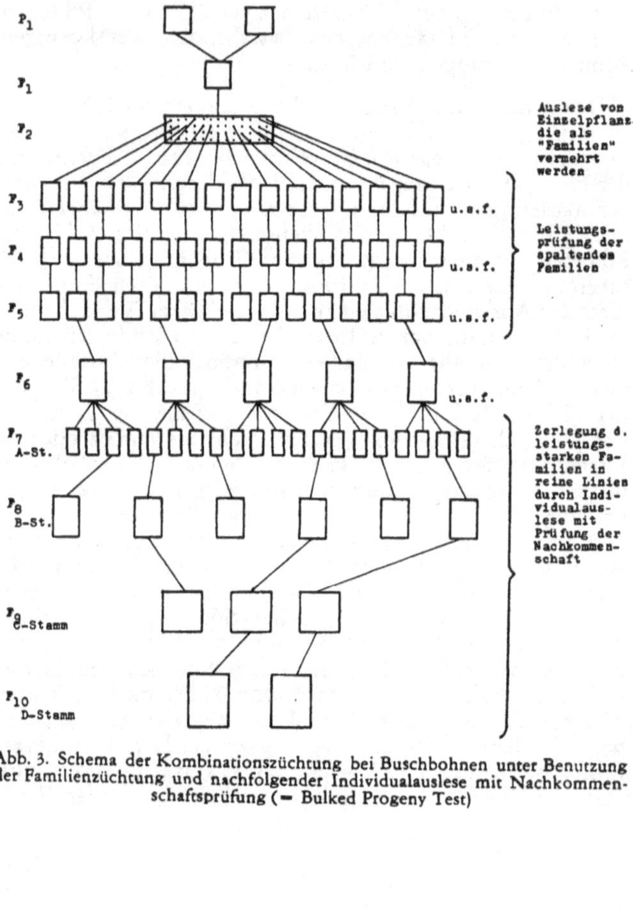

Abb. 3. Schema der Kombinationszüchtung bei Buschbohnen unter Benutzung der Familienzüchtung und nachfolgender Individualauslese mit Nachkommenschaftsprüfung (= Bulked Progeny Test)

Wege zur Verwirklichung seiner Ziele offen. Die Kreuzung von zwei aus der Kreuzung ausgelesenen Stämmen, von denen jeder für sich einen Teilerfolg bezüglich der Kombination der gewünschten elterlichen Eigenschaften darstellt, wird der nächstliegende Schritt sein. Auch nochmalige Kreuzungen der besten ausgelesenen Stämme mit einem der Elter haben in der Praxis häufig zu den erwarteten Erfolgen geführt.

Soll eine einzige Eigenschaft, wie z. B. die Resistenz gegen eine bestimmte Krankheit aus einer Primitiv- oder Wildform in eine Kultursorte übertragen werden, so ist hierzu der sicherste Weg zum Erfolg die wiederholte Rückkreuzung des F_1-Bastards mit dem Kulturelter. Verschiedene Formen von Rückkreuzungen haben sich als die besten Methoden erwiesen, um in der Kombinationszüchtung schnell und sicher zum Ziel zu kommen. Technisch entstehen in ihrer Anwendung bei Bohnen insofern Schwierigkeiten, als die Durchführung der Kreuzung mehr oder weniger mühsam ist, und aus einer künstlichen Befruchtung durchschnittlich nicht mehr als drei bis vier Samen gewonnen werden, für jede zu bearbeitende Rückkreuzungsgeneration aber 50 bis 100 Samen benötigt werden. Am erfolgreichsten ist die Rückkreuzungsmethode bisher bei Arten angewandt, bei denen durch eine Bestäubung viele Samen gewonnen werden, wie z. B. bei Tomate. Die verschiedenen Methoden der Rückkreuzung werden daher im Abschnitt über Tomatenzüchtung beschrieben werden (s. S. 56). Ihre sinngemäße Anwendung auf die Bohnenzüchtung sei allen Züchtern dringend empfohlen, die die Möglichkeit haben, zur gegebenen Zeit im größeren Umfang Rückkreuzungen durchzuführen.

Zur Verbesserung der Buschbohnen können auch Kreuzungen mit Stangenbohnen durchgeführt werden, um gewisse Eigenschaften der Stangenbohne, wie z. B. lange, runde Hülsen der „Kapitän Weddingen“, auf die Buschbohnen zu übertragen. Es treten hierbei einfache Mendelspaltungen ein. Da, wie oben ausgeführt, das unbegrenzte Rankenwachstum der Stangenbohnen über den Wuchstyp der

Buschbohnen dominiert, sind die F_1 und F_2 an Stangen zu kultivieren. Da die in F_2 herausgespaltenen Buschtypen durch die Stangenkultur in ihrer Entwicklung ungünstig beeinflußt werden, muß ihre Vermehrung unter normalen Bedingungen im folgenden Jahr als F_3 abgewartet werden, ehe eine Beurteilung und Selektion durchzuführen ist.

Neben den Kreuzungen von Sorten und Varietäten bieten auf lange Sicht gesehen auch Kreuzungen verschiedener Arten gewisse Erfolgsaussichten. Züchterisch und genetisch sind vor allem Kreuzungen von Phaseolus vulgaris und Phaseolus multiflorus eingehender bearbeitet worden. Die höhere Kälteresistenz und geringere Empfindlichkeit der Samen beim Liegen unter niedrigeren Bodentemperaturen, ohne durch den Befall mit Schädlingen die Keimfähigkeit zu verlieren, sind Eigenschaften, die Phaseolus multiflorus als Kreuzungselter wertvoll erscheinen lassen.

Kreuzungen zwischen beiden Arten gelingen mit vulgaris als Mutter, doch nur schwer in der umgekehrten Richtung. Die F_1 besteht aus 50—80 % vitaler Pflanzen, der Rest sind Zwerge. Die Bastarde sind hochgradig steril; der Samenansatz aus Rückkreuzungen und Bestäubung der F_1-Pflanzen untereinander ist sehr gering. In den späteren Generationen lassen sich fertile Zwischenformen selektieren, die als „multigaris"-Formen bezeichnet werden.

Mit wenigen Ausnahmen können alle Gene beider Arten miteinander kombiniert werden. Zu diesen gehören die Gene für hypogäische Keimung von Ph. multiflorus und für die Stellung der Narbe. Sie werden von Lamprecht als interspezifische Gene bezeichnet, da sie gleichsam eine Barriere zwischen diesen Arten darstellen.

Bei Verwendung fernerstehender Formen sind die Kreuzungen stets in beiden Richtungen auszuführen, da eventuelle Unterschiede im Plasmon zu reziprok verschiedenen F_1-Bastarden führen, die ihrerseits unterschiedliche Spaltungen und damit Selektionsmöglichkeiten zur Folge haben. Sind nun durch die Kreuzung auf einem der beschriebenen Wege neue, einheitliche Stämme gefunden worden, so haben diese eine Leistungsprüfung zu durchlaufen, wie sie bereits für die C- bis E-Prüfungen der Auslesezüchtung geschildert worden ist.

Die Zuchtziele bei den Gemüsebohnen liegen auf der Hand. Zunächst wird eine Erhöhung des Ertrages und der Ertragssicherheit vor allem dadurch erstrebt, daß die Neuzüchtungen gegen die am weitesten verbreiteten Krankheiten, wie Fettflecken, Brennflecken und Virus, resistent sind. Diese Krankheiten bringen bei Epidemien nicht nur eine Ertragsminderung, sondern auch eine Verschlechterung der Qualität, vor allem bei einem starken Fettfleckenbefall der Hülsen.

Die Züchtung auf Resistenz gegen pilzparasitäre Krankheiten wird durch das Vorkommen physiologischer Rassen des Pilzes sehr erschwert. So sind von Colletotrichum Lindemuthianum 36 Biotypen bekannt, die in drei Gruppen „Alpha", „Beta" und „Gamma" zusammengefaßt werden können. Die Resistenz gegen jede der drei Rassengruppen wird durch ein spezifisches, dominantes Gen bedingt. Voll resistente Rassen müssen die Gene Alph, Bet und Gam wenigstens einmal dominant enthalten. Nach Kreuzungen sind in Abhängigkeit von der genetischen Konstitution der Eltern Spaltungen in

3 resistent: 1 anfällig
9 resistent: 7 anfällig
27 resistent: 37 anfällig

zu erwarten.

Die Beachtung qualitativer Merkmale wie vor allem Form, Beschaffenheit und Farbe der Hülse und auch Farbe der Samen ist bei Neuzüchtungen ganz besonders wichtig. Die Kenntnis der genetischen Grundlage dieser Eigenschaften vermag die erfolgreiche Durchführung der Kombinationszüchtung sehr zu unterstützen. Die vier bekannten Hülsenfarben Grün, Grünlich-Silbergrau, Gelb und Weiß resultieren aus dem Zusammenspiel von zwei Genen, Yy und Arg-arg, und zwar wie folgt (Lamprecht):

Grüne Hülse: Y Y Arg Arg
Ausbildung von Chlorophyll und Xanthophyll
Grünlich-Silber-graue Hülse: Y Y arg arg
nur Ausbildung von Chlorophyll
Gelbe Hülse: y y Arg Arg
nur Ausbildung von Xanthophyll
Weiße Hülse: y y arg arg
keine Ausbildung von Chlorophyll und Xanthophyll.

Diese verschiedenen Hülsenfarben sind nun nicht ein äußeres Merkmal, das z. T. auch den Verwendungszweck der Hülsen bestimmt, wie z. B. die gelbhülsigen Sorten als Salatbohnen, sondern die verschiedenen Farben haben auch einen großen Einfluß auf die Ertragsbildung. Beim Fehlen von Xanthophyll, den grünlich-silbergrauen Y Y arg arg-Typen, sinkt der Ertrag gegenüber den grünhülsigen Y Y Arg Arg-Genotypen, die sowohl Xanthophyll als auch Chlorophyll ausbilden können, um 10—30 %. Dieselbe Ertragsminderung tritt bei den gelben y y Arg Arg-Genotypen ein, die kein Chlorophyll ausbilden können. Diese Ertragsminderung wird bedingt durch die Verringerung der assimilierenden Fläche. Da das Verhältnis der Oberfläche der Hülsen zu der restlichen, assimilierenden Oberfläche von Blättern und Stengeln verschieden sein kann, ist auch die Ertragsminderung variabel, nämlich 10—30 %. Die Tatsache, daß die gelben und grünlich-silbergrauen Typen dieselbe Ertragsminderung zeigen, beweist, daß Xanthophyll und Chlorophyll zwei gleich wichtige Komponenten bei der Assimilation sein müssen. Was die weißhülsigen yy arg arg-Genotypen betrifft, so ergeben diese eine weitere Ertragsminderung um 21 % gegenüber den gelben und grünlich-silbergrauen Typen.

Ein besonders wichtiges Qualitätsmerkmal ist die Fadenlosigkeit der Hülse, die durch ein dominantes Gen St st bedingt ist; die rezessiven st st-Typen sind fädig; die St st-Hülsen zeigen zuweilen einen kurzen Faden. Da von neuen Sorten für die Grünpflücke Fadenlosigkeit gefordert wird, müssen bei einer Anwendung der Ramschmethode in der F_2 und den folgenden Generationen alle fädigen Typen durch eine Massenauslese entfernt werden; sie sind ein unnötiger Ballast, von dem die Kreuzungsgemische zu befreien sind. Die Hülsenform, ob *gerade, konkav- oder konvexgebogen,* beeinflußt zwar nicht die Qualität der Hülse, ist aber ein Merkmal, das für die Marktfähigkeit der Gemüsebohnen von Bedeutung ist. Bei Kreuzungen zwischen geraden und konkav-gekrümmten Formen treten Spaltungen von 3 gerade : 1 gekrümmt, 9 gerade : 7 gekrümmt und 15 gerade : 1 gekrümmt ein, denen die Gene Da, Db und Dc zugrunde liegen (Lamprecht).

Bei Kreuzungen von geraden mit konvex-gekrümmten Hülsen wurden nach Lamprecht Spaltungen von 3 gerade : 1 konvex gefunden (Concon). — Der Hülsenquerschnitt kann *elliptisch, rund* oder *flach* sein. Der elliptische Querschnitt ist dominant über den runden, und zwar vermag er sowohl durch Ea als auch Eb allein bereits gebildet zu werden, so daß Spaltungen in 3 elliptisch : 1 rund und 15 elliptisch : 1 rund auftreten können. Der flache Hülsenquerschnitt ist kennzeichnend für die Schwertbohnen und rezessiv gegenüber dem Brechbohnentyp. Zwei Gene sind hier im Spiel, von denen jedes allein im dominanten Zustand bereits den Brechbohnentyp erzeugt: Ga und Gb. Es treten daher Spaltungen in 3 Brech : 1 Schwert und 15 Brech : 1 Schwert ein. Die *Breite der Schwertbohnen* ist auch sehr unterschiedlich (7—30 mm). Die schmale Hülse dominiert über die breite; vornehmlich die Gene Ta und Tb kontrollieren die Breite.

Für die Qualität der Brechbohnen ist die Dicke der Hülsenwand, bedingt durch die Mächtigkeit der Parenchymschicht, von großer Bedeutung. Große Parenchymstärke scheint nur bei rundhülsigen Formen vorzukommen. Die Qualität der Gemüsebohnen wird durch das Fehlen einer Membran der Hülsen stark verbessert; dieses ist rezessiv bedingt. An der Ausbildung der Membran sind 3 Gene beteiligt: Fa, Fb und Fc. Fa wirkt als Grundgen für die Aus-

Tabelle 1

Genetik züchterisch wichtiger Eigenschaften bei Phaseolus vulgaris

(verändert nach Lamprecht)

Eigenschaft	Symbole	Genetisches Verhalten	
Wuchstyp: Unbegrenztes-begrenztes Rankenwachstum = Stangenbohne-Buschbohne	Fin	Fin Fin u. Fin fin-Stangenbohne fin fin-Buschbohne	
Hülsenfarbe:	Y u. Arg		
Grün: Chlorophyll + Xanthophyll	Y Y Arg Arg	Grün × Grünlich-Silbergrau	3 : 1
Grünlich-silbergrau: Fehlen von Xanthophyll	Y Y arg arg	Grün × Gelb	3 : 1
Gelb: Fehlen von Chlorophyll	y y Arg Arg	Grün × Weiß	9 : 3 : 3 : 1
Weiß: Fehlen von Chlorophyll und Xanthophyll	y y arg arg	Grünlich-Silbergrau × Gelb	9 : 3 : 3 : 1
Fadenbildung der Hülse:	St	St St fadenlos St st kurzer Faden st st fädig	
Hülsenform:			
gerade — concav gebogen	Da u. Db	3 gerade : 1 concav	9 : 7, 15 : 1
gerade — convex	Con	3 gerade : 1 convex	

Eigenschaft	Symbole	Genetisches Verhalten	
Hülsenquerschnitt:			
elliptisch-rund	Ea u. Eb	3 elliptisch : 1 rund	15 : 1
Brech-Schwertbohne	Ia u. Ib	3 Brech : 1 Schwert	15 : 1
Hülsenbreite:	Ta u. Tb	schmal ist dominant	
Hülsenmembran:	Fa-Grundgen Fb u. Fc	3 mit Membran : 1 ohne Membran 3 : 1, 9 : 7, 15 : 1	
Verzweigung des Blütenstandes:	Ram u. Iter	ram ram ein-zweifache Verzweigung iter iter drei-vierfache Verzweigung	
Blütenfarbe:	Va	Va violett, v_{lae} blaßlila, v weiß	
Form der Bohne:	Ren, Dep, Fov	Ren-ren walzenförmig-nierenförmig Dep-dep rundlicher-plattgedrückter Querschnitt Fov-fov nicht-eingedrücktes Hilum eingedrücktes Hilum	
Farbe der Testa:			
Farbbildung	13 Gene		
Farbverteilung	12 Gene		

bildung jeglicher Membranbildung. Es werden 3 : 1, 9 : 7 und 15 : 1 Spaltungen beobachtet (Lamprecht).

Der Bau des Blütenstandes ist eine Traube. Neben dem unverzweigten Blütenstand kommen auch erblich bedingte Typen mit mehrfacher Verzweigung vor. Zwei Gene Ram und Iter wurden von Lamprecht für diese Eigenschaft analysiert; rezessive ram ram-Pflanzen haben eine ein- bis zweifache Verzweigung und iter iter-Pflanzen eine zwei- bis dreifache Verzweigung.

Als Blütenfarben kommen vor: Violett, blaßlila und weiß, die durch eine Serie multipler Allele kontrolliert werden: V, v_{lae} und v. Komplikationen treten in den Spaltungen dadurch ein, daß Gene der Testafarbe gleichzeitig als Grundgene für die Blütenfarbe wirken. Die Blütenfarbe ist aber züchterisch von untergeordneter Bedeutung.

Außerordentlich kompliziert ist der Erbgang der Testafarbe der Samen; mindestens 13 Gene sind bekannt, die an der Farbbildung beteiligt sind, und mindestens 12, die die Farbverteilung beeinflussen. In Anbetracht dieser genetischen Situation ist es nicht verwunderlich, daß nach Kreuzungen von zwei verschiedenen Rassen zuweilen eine große Skala unterschiedlicher Farbtöne mit einer verschiedenen Farbverteilung herausspaltet. Die Farbe der Bohnen hat insofern ein züchterisches Interesse, als weiße Formen besonders von der Konservenindustrie bevorzugt werden, da sie die Aufgußflüssigkeit nicht verfärben. Weiß ist rezessiv; es gibt aber auch ein dominantes Weiß, so daß aus der Kreuzung zweier verschiedener Weiß-Genotypen buntsamige Typen entstehen können. Eine Übersicht über die Genetik einiger züchterisch wichtiger Merkmale ist in Tab. 1 gegeben.

Ist eine Neuzüchtung von den amtlichen Stellen zum Anbau zugelassen, so setzt gleichzeitig mit der Vermehrung der Sorte auch ihre Erhaltungszucht ein. — Mechanische Verunreinigungen, Befall durch Krankheiten, vor allem durch Viruskrankheiten, die durch den Samen übertragen werden, spontane Kreuzungen und Mutationen sind die Hauptursache dafür, daß die Leistungsfähigkeit einer Sorte absinkt. Rundhülsige Sorten ohne Fäden, wie z. B. Saxa, Konserva, Hinrichs Riesen, Hundert für Eine, haben eine besonders starke Neigung zu einer Komplexmutation, die sich vor allem in einem elliptischen Hülsenquerschnitt und einer fädigen Hülse manifestiert.

Bei Bohnen erfolgt die Erhaltungszucht in der Weise, daß aus ausgelesenen Einzelpflanzen A-Stämme gezogen werden, die lediglich auf ihre Sortenreinheit geprüft werden. Stämme, die irgendwelche Abweichungen zeigen oder im Stand nicht befriedigend sind, werden ausgemerzt, die restlichen zur Erzeugung der ersten Vermehrungsstufe vereinigt, nachdem zuvor Einzelpflanzen aus den besten A-Stämmen entnommen worden sind, mit denen der Zyklus der Erhaltungszucht wieder von neuem beginnt. Ragt ein A-Stamm durch einen allgemeinen Stand oder durch ein bestimmtes Merkmal besonders vor den anderen hervor, so ist er getrennt zu ernten und in eine exakte Leistungsprüfung zu stellen. Hier wird es sich zeigen, ob eine Modifikation oder eine positive genetische Variante vorgelegen hat.

3. Züchtung von Erbsen

Die Auslese- und Kombinationszüchtung kann bei Erbsen nach denselben Grundsätzen wie bei Bohnen durchgeführt werden. Da der Vermehrungsquotient der Erbsen erheblich geringer ist als der der Bohnen, können selten früher als bei den D-Stämmen exakte Leistungsprüfungen durchgeführt werden. Die notwendige Zeitspanne zur Schaffung von Neuzüchtungen ist daher erheblich länger und damit auch der Aufwand für die Erhaltungszucht und die Erzeugung des Hochzuchtsaatgutes größer. — Es empfiehlt sich hierbei A-Stämme, die Nachkommenschaften von Einzelpflanzen, an Draht zu ziehen, um auch kleinere Abweichungen in der Entwicklung im Habitus und auch in Eigenschaften der Hülsen besser feststellen zu können.

Die Kombinationszüchtung hat sich bisher mit großem Erfolg der Kreuzung von Kultursorten untereinander bedient. Ihre Möglichkeiten sind bei weitem nicht ausgeschöpft. Auch Kreuzungen von Kultursorten mit Wildformen, wie Pisum formosum, fulvum, abyssinicum, humile, elatius, sind zur Erreichung bestimmter Zuchtziele in Betracht zu ziehen, um Eigenschaften wie Trockenresistenz, Frühzeitigkeit u. a. auf diese zu übertragen. Die Bastarde zwischen Wild- und Kulturformen sind zwar relativ fertil, ergeben aber recht komplizierte und teilweise auch komplexe Aufspaltungen, so daß nur bei Durcharbeitung eines großen Materials und vor allem bei Einsatz der Rückkreuzungsmethode gewisse Erfolgsaussichten vorhanden sind. Die technische Durchführung der Kreuzungen ist recht einfach, das Kastrieren vertragen die Blüten gut und der Samenansatz nach der Bestäubung ist relativ hoch (4—6 Körner), so daß die bei der Züchtung von Tomaten geschilderten Methoden der Rückkreuzung zur Anwendung gelangen können.

Bei Koch- und Futtererbsen hat in der schwedischen Saatzuchtanstalt Weibullsholm die künstliche Auslösung von Mutationen durch Bestrahlung eingequollener Körner mit 15 000 r zu Erfolgen geführt, wie die Sorte „Stralärt“ erwiesen hat (Gelin).

Die *Zuchtziele* in der Erbsenzüchtung werden weitgehend bestimmt durch die Art der wirtschaftlichen Nutzung und vor allem, ob sie für den Feld- und Erwerbsgartenbau oder für den Kleingartenbau bestimmt sind.

Der Feld- und Erwerbsgartenbau, der für die Konservenindustrie arbeitet, benötigt ein Sortiment von etwa zehn bis zwölf Sorten, die sich vor allen Dingen in ihrer Pflückreife um drei bis vier Tage unterscheiden müssen, da sich die Konservenindustrie auf eine Kampagne von etwa einem Monat einstellt.

Diese Sorten sollten mittlere Krautlänge haben, und zwar so, daß das Kraut sich selbst trägt, um einen geschlossenen Bestand zu bilden, der den Boden deckt und das Unkraut unterdrückt. Mittlere Pflanzenhöhe ist vor allen Dingen notwendig, um diese Sorten ohne Schwierigkeit mit der Grünerbsen-Dreschmaschine ernten zu können. Weiterhin ist eine gleichzeitige Pflückreife erwünscht, wobei der Höchstertrag bei der ersten und einzigen Ernte liegen muß. Auch ein günstiges Verhältnis von Körnern zu Hülsen ist zu erstreben, auch jetzt, wo bei der Verwendung von Dreschmaschinen die bereits sortierten Körner in die Konservenfabrik geliefert werden. Fernerhin ist auf einen vollen Kornbesatz und gleichmäßige Sortierung zu achten. Bevorzugt werden von der Konservenindustrie kleinkörnige Sorten; dieses Zuchtziel ist aber bei den *Markerbsen* unberechtigt, da nur die *Palerbsen* mit fortschreitendem Alter, d. h. mit ihrem größeren Wachstum mehlig werden und daher an Qualität verlieren. Bezüglich der Qualität der Erbse gibt es erhebliche genetische Unterschiede, ebenso hinsichtlich ihrer Eignung als Naß- oder Gefrierkonserven. Der Züchter, der Sorten für die Konservenindustrie bearbeitet, sollte daher in enger Zusammenarbeit mit der Industrie seine Zuchtstämme prüfen, bzw. diese Prüfungen selbst durch indirekte Methoden vornehmen. Natürlicher Geschmack, Duft, Beibehaltung von Farbe und Konsistenz und eine klare Aufgußflüssigkeit sind wichtige Qualitätsmerkmale, die von Sorten für die Konservierung gefordert werden. Wertvolle Vorarbeiten für den Züchter hat in dieser Hinsicht Schneider im Institut für Pflanzenzüchtung in Quedlinburg geleistet, der sich mit dem Auftreten von Trübungen, Niederschlägen und Gelierungen in der Aufgußflüssigkeit verschiedener Zuchtsorten und ihren Ursachen befaßte.

Da die Markerbsen infolge ihrer höheren Qualität bevorzugt werden, ist es nötig, bei der Neuzüchtung darauf zu achten, daß sie nicht so empfindlich gegen frühe Aussaaten sind, wie es vielfach bei den alten Sorten der Fall ist.

Um den Erbsenanbau über eine möglichst lange Zeit im Jahre ausdehnen zu können, ist es notwendig, auch Sorten zu schaffen, die Aussaaten noch im Mai und Juni ohne erheblichen Rückgang im Ertrag vertragen, wie ihn fast alle bisherigen Sorten zeigen. Die meisten Erbsensorten sind

Langtagpflanzen, die bei Aussaat im Sommer sehr bald in die reproduktive Phase übergehen, ohne eine ausreichende vegetative Entwicklung durchzumachen, wie es bei der Aussaat unter kürzeren Tageslichtverhältnissen im März und April der Fall ist. Die Züchtung von tagneutralen Pflanzen, die auch bei Sommeraussaat eine ausreichende vegetative Entwicklung als wichtigste Grundlage für die Ertragsbildung durchmachen, ist sehr wichtig; sie hat noch zu keinem praktischen Erfolg geführt, obwohl an der grundlagenmäßigen Erforschung der photoperiodischen Reaktionen der Erbsen von verschiedenen Sorten gearbeitet wird.

Eine gewisse Tagneutralität zeigen die Sorten „Kleine Rheinländerin" und „Vinco", wie Versuche unter Lang- und Kurztagbedingungen von Hänsel gezeigt haben. Diese frühen Sorten bilden nur eine geringe Zahl blütenfreier Nodien bis die Blütenbildung erfolgt. Wahrscheinlich ist die Tagneutralität an diesen frühen Sorten nur vorgetäuscht. Bei frühen Sorten mit wenigen Internodien erfolgt die Determination des ersten Blütenprimordiums sehr früh, bereits am fünften Keimungstag. Infolgedessen kann durch spätere lange Tage der Blühvorgang nicht mehr beeinflußt werden. Dagegen zeigen späte Sorten, deren erste Blüten an einem höheren Nodium, und zwar nach dem Auflaufen und Ergrünen angelegt werden, bei langen Tagen eine Tageslängenreaktion. Besteht diese Hypothese zu Recht, dann sind die genannten Frühsorten keine echten tagneutralen Formen; es dürfte dann auch kaum möglich sein, spätblühende Formen mit vielen Internodien zu züchten, die gleichzeitig tagneutral sind.

Die Zuchtziele für die Schaffung von Sorten für den Kleingärtner werden von anderen Gesichtspunkten bestimmt. Hier werden vor allem hohe Reisersorten mit langer Pflückdauer verlangt. Im Kleingartenbau werden vielleicht auch einmal die *Zuckererbsen* an Bedeutung gewinnen, sofern erst wirtschaftlich wertvolle Sorten auf den Markt gekommen sind; vor allen Dingen wenn es gelingt,

Zuckererbsensorten zu züchten, die durch eine fleischige Hülse mit späterer Ausbildung der Fäden ausgezeichnet sind, so daß man dieselbe wie eine Brechbohne nutzen kann. Von der schwedischen Saatzuchtanstalt Weibullsholm, die eine Reihe derartiger Sorten bereits in den Handel gebracht hat, werden diese Arten von Erbsen als *Brecherbsen* bezeichnet.

Genetische Analysen sind bei der Erbse recht zahlreich durchgeführt worden. Die Kenntnis, ob eine Eigenschaft dominant oder rezessiv vererbt wird, ob sie monogen oder polygen bedingt ist, vermag dem Züchter willkommene Hilfe zu geben, vor allem bei der Durchführung von Kreuzungen und Rückkreuzungen und der Individual- und Massenauslese, deren Wirksamkeit weitgehend vom Vererbungsmodus bestimmt wird. Vom genetischen wie vom züchterischen Standpunkt aus in gleicher Weise interessant ist das Auftreten semisteriler Bastarde und das Vorkommen polymerer Gene, d. h. von Genen, die mehrfach in verschiedenen Chromosomen vorhanden sind. Beide Erscheinungen hängen nach L a m p r e c h t eng miteinander zusammen, da sie auf dieselbe genetische Ursache, nämlich Translokationen, zurückgehen. Wird eine normale Erbsenrasse mit einer Rasse gekreuzt, die eine reziproke Translokation zeigt, so wird in der Metaphase der Reduktionsteilung des Bastards ein Ring mit 4 Chromosomen gebildet. Diese Ringbildung ergibt sich aus der Tatsache, daß sich nur homologe Teile von 2 Chromosomen paaren können. Ein translociertes Chromosom zeigt daher infolge seiner Zusammensetzung aus zwei Teilen von zwei Chromosomen der Ursprungsrasse Bindungen zu zwei Chromosomen der Ursprungsrasse, was nur auf dem Wege der Ringbildung verwirklicht werden kann (s. Abb. 4).

Wenn die vier, einen Ring bildenden Chromosomen in der Metaphase der Reduktionsteilung *alternierend* zu einem der beiden Pole wandern, dann werden Gameten gebildet, die von beiden Chromosomen die gesamte Substanz erhalten; wenn aber zwei im Ring *nebeneinander* liegende Chromosomen an denselben Pol wandern, so entstehen Gameten, die von dem einen Chromosom zu wenig Substanz, von dem anderen aber zu viel haben; sie sind daher nicht lebensfähig. Da die Chromosomen eines Ringes

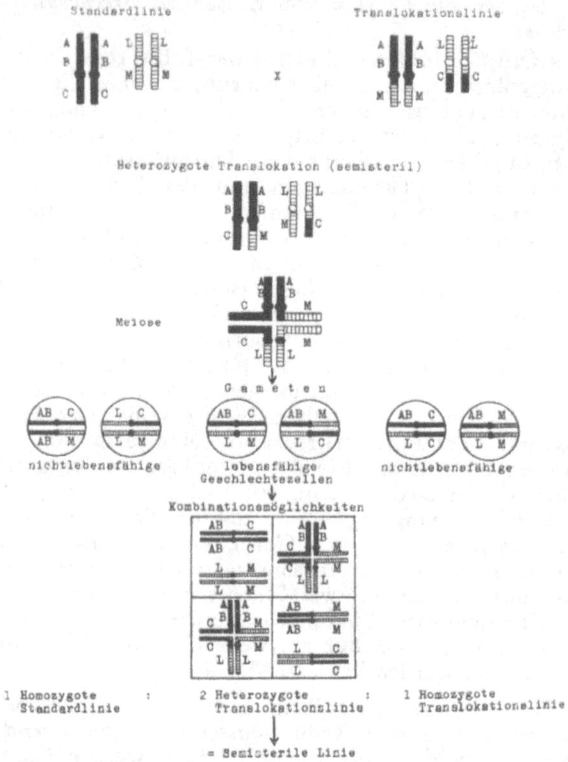

Abb. 4. Entstehung semisteriler Linien bei Erbsen durch reziproke Translokationen (umgezeichnet nach SRB und OWEN, 1953)

gleich häufig nach beiden Modi getrennt werden, so entstehen 50 % letale Gameten, die die Semisterilität eines Bastards bedingen, dessen Eltern sich durch eine unterschiedliche Chromosomenstruktur unterscheiden.

Wie kommen nun derartige Translokationen zustande? Schon 1932 wurde von Sans. R. Richardson der Beweis erbracht, daß in mehreren der sieben Chromosomen kleine oder größere homologe Stücke vorkommen. Da Paarungen zwischen zwei Chromosomen bereits durch die Gleichheit von *Stückteilchen* der betreffenden Chromosomen bedingt werden, kann auch zwischen zwei nicht-homologen Chromosomen, die nur ein kleines Chromosomenstück gemeinsam haben, eine Paarung und ein crossing-over, d. h. ein Stückaustausch stattfinden. Infolge dieses Stückaustausches zwischen nicht-homologen Chromosomen entstehen Typen mit einer neuen Chromosomenstruktur.

Werden nun zwei Erbsenrassen mit einer verschiedenen Chromosomenstruktur miteinander gekreuzt, so entsteht in der Reduktionsteilung ein Ring von Chromosomen und in weiterer Folge 50 % nicht lebensfähige Gameten. Dieser Austausch von Chromosomenstücken zwischen nicht-homologen Chromosomen, der zu Chromosomen von neuer Struktur führt, erklärt auch die bei Erbsen so häufig auftretende Erscheinung, daß dieselben Gene in einigen Kreuzungen freie Spaltung zeigen, in anderen dagegen Koppelung (nähere Erläuterung durch Zeichnung). In einem translocierten Chromosom sind die Gene aus Teilen zweier verschiedener, ursprünglich nicht-homologer Chromosomen in einer Reihe angeordnet und damit gekoppelt. Das Vorkommen kleiner homologer Stücke in zwei nicht-homologen Chromosomen ist nicht nur die Ursache für das Vorkommen reziproker Translokationen, sondern auch für eine andere züchterisch sehr wichtige Erscheinung, nämlich das Vorkommen polymerer Gene. Lamprecht hat zehn solcher bisher bekannter Fälle von polymeren Genen beschrieben, d. h. von gleichwirkenden Genen, die aber in verschiedenen Chromosomen gelagert sind.

Tabelle 2

Polymere Gene bei Pisum
(nach Lamprecht)

Eigenschaft	Gen-Symbole	Wirkung der Allele		Spaltung
1) Vorblätter auf den Blütenstielen	Br u. Bra	Br · Bra ·	= ± große Nebenblätter	9 : 7
		Br · bra bra br br Bra · br br bra bra	= kleine Nebenblätter	
2) Krümmung der Hülse	Co u. Con	Co · Con · Co · con con co co Con ·	= gerade Hülse	15 : 1
		co co con con	= convexe Hülse	
3) Wuchshöhe	Cry u. La	Cry · La · Cry · la la cry cry La ·	= starke Verkümmerung der Internodien	15 : 1
		cry cry la la	= extrem lange Internodien „slender type“	
4) Färbung der Samenschale	F u. Fs	F · Fs · F · fs fs f f Fs ·	= violette Sprenkelung	15 : 1
		f f fs fs	= farblos	
5) Verbänderung der Stengel	Fa u. Fas	Fa · Fas · Fa · fas fas fa fa Fas ·	= normal	15 : 1
		fa fa fas fas	= Verbänderung	

Eigenschaft	Gen-Symbole	Wirkung der Allele		Spaltung
6) Zahl der Blüten am Blütenstiel	Fn u. Fna	Fn · Fna ·	= 1 Blüte	verschieden
		Fn · fna fna fn fn Fna ·	= 2 Blüten	
		fn fn fna fna	= 3 Blüten und mehr	
7) Verzweigung des Stengels	Fr u. Fru	Fr · fru fru fr fr Fru ·	= Erhöhung der Verzweigung	verschieden
8) Hülsenmembran	P u. V	P · V ·	= mit Membran	9 : 7
		p p V · P · v v p p v v	= ohne Membran (Zuckererbsen)	
9) Färbung der Hülsen	Pu u. Pur	Pu · Pur ·	= Purpurviolette Färbung	
		Pu · pur pur pu pu Pur · pu pu pur pur	= keine Färbung	
10) Wachsüberzug	Wa u. Wb	Wa · Wb ·	= Wachsüberzug	9 : 7
		Wa · wb wb wa wa Wb · wa wa wb wb	= wachsfrei	

Da Eigenschaften, die durch polymere Gene kontrolliert werden, in der züchterischen Praxis zu gewissen Komplikationen und Konsequenzen führen, sind die bisher bekannten Fälle in Tabelle 2 zusammengestellt.

In den meisten Fällen haben die beiden auf dieselbe Eigenschaftsbildung wirkenden Gene genau dieselbe Wirkung; in einigen ist sie dagegen verschieden, wie z. B. bei der Membranausbildung der Hülse. So bilden die ppVV- und PPvv-Genotypen kleine sklerenchymatische Partien aus, die im Ausbildungsgrade voneinander verschieden sind, während nur die ppvv-Typen ganz ohne Membran sind. Die unterschiedliche Wirkung dieser Gene wird von L a m p r e c h t als Positionseffekt gedeutet.

Das Gen v mutiert relativ häufig zu seinem dominanten Allel zurück, so daß aus PPvv-Zuckererbsen wieder membranhaltige Kneifelerbsen entstehen. Es sind daher bei der Züchtung von Zuckererbsensorten die ppVV- oder doppelt rezessiven ppvv-Genotypen zu bevorzugen, bei denen sich die Rückmutation e i n e s Gens zu seinem dominanten Allel phaenotypisch nicht auswirkt.

4. Züchtung von Salat

Der Züchtungsgang beim Salat wird im wesentlichen durch die Tatsache bestimmt, daß von der Einzelpflanze in günstigen Umweltbedingungen eine große Samenmenge gewonnen werden kann. Diese erlaubt es, Leistungsprüfungen bereits bei den B-Stämmen durchzuführen und somit die bestehenden Sorten, die z. T. noch mehr oder weniger große Typengemische darstellen, in kurzer Zeit zu verbessern. Auch die Aufwendungen für die Herstellung des Stammsaatgutes zur Erzeugung der Hochzucht sind relativ gering. Da sich aber aus der Eigenart der Kultur und Nutzung der verschiedenen Salate auch Folgerungen für die praktische Durchführung der Züchtung ergeben, werden die wichtigsten Züchtungsmethoden eingehender beschrieben.

Bei der züchterischen Verbesserung eines Sommersalates, wie z. B. des „Stuttgarter Dauers", geht man in der Weise vor, daß aus einem möglichst großen und einheitlichen Feldbestand 100—200 Pflanzen ausgelesen werden, indem bei Beginn der Kopfbildung diejenigen Pflanzen mit einem Blumenstab angesteckt werden, die bezüglich der Frühzeitigkeit, der Kopfbildung, der Form und der Größe des Kopfes am meisten dem Idealtyp der Sorte entsprechen. Einige Zeit später ist eine Nachprüfung der angesteckten Pflanzen erforderlich, um frühschossende Typen, falls sich solche unter den ausgelesenen Formen befinden, wieder zu beseitigen. Es wird von jeder gut durchgezüchteten Sorte verlangt, daß sie möglichst lange und einheitlich ihre Köpfe beibehält. Nach dem Durchschießen sind Isolierungen gegen Fremdbefruchtung nicht notwendig, da die Blüten ganz auf Selbstbefruchtung eingestellt sind und Fremdbefruchtung durch Insekten nur vereinzelt vorkommt (Halictus). In einem Versuch von Thompson wurde 2,5 % Fremdbefruchtung beobachtet. Viel mehr Schwierigkeiten dagegen bereitet die Samengewinnung. Ist das Wetter in der Blütezeit feucht und der Himmel bedeckt, so öffnen sich die Blüten nicht, und die Samengewinnung schlägt völlig fehl. Ein Abdecken der Einzelpflanzen mit Isolierhauben, die im oberen Teil einen Glaseinsatz haben und an den Seiten einen Gazestoff, wie sie von Schreiber bei Kreuzungen verwendet werden, hat sich für eine sichere Samengewinnung sehr bewährt.

Die Samenernte ist in günstigen Jahren oder bei Verwendung dieser Schutzhauben so groß, daß im folgenden Jahr die A-Stammprüfung auf breiter Grundlage durchgeführt werden kann, so daß man schon im ersten Prüfungsjahr einen mehr oder weniger zuverlässigen Einblick in die unterschiedliche Leistungsfähigkeit der Stämme gewinnen kann. Man wird sich aber aus wirtschaftlichen Gründen und wegen des meistens nur beschränkt zur Verfügung stehenden Zuchtgartenraumes mit nur einer A-Parzelle von etwa 50 Pflanzen begnügen müssen. Wichtig ist, daß die Anzucht der Pflanzen im Frühbeet unter möglichst gleichmäßigen Bedingungen erfolgt, die Erde gut und einheitlich ist und jegliche Randwirkung besonders an den Stirnseiten der Frühbeetkästen ausgeschaltet wird.

Bei der Anlage der A-Stammprüfung sind in gewissen Abständen Standard- und Vergleichssorten zu pflanzen; hierzu benutzt man einmal die Ausgangspopulation oder Sorte, aus der die Auslesen vorgenommen wurden, und weiterhin Konkurrenzsorten.

Die Beurteilung der A-Stämme erfolgt nach dem Augenschein, wobei Eigenschaften wie Frühzeitigkeit und Gleichmäßigkeit der Kopfbildung, spätes gleichmäßiges Durchschießen, ferner ein gerader, aufrechter Kopf, der oben gedeckt ist und einen großen Anteil des zarten Herzanteils aufweist, die wesentlichsten Auslesemerkmale darstellen. Zeichnen sich etwa zehn Stämme in diesen Eigenschaften vor den Standardparzellen aus, so werden diese zur Weiterzucht und Samengewinnung bestimmt, während das restliche Prüfungsmaterial als Marktware verwendet werden kann, sofern es nicht zu frühzeitig durchgeschoßt ist.

In jedem der zehn ausgelesenen A-Stämme werden nun drei bis fünf besonders gute Köpfe als Eliten ausgezeichnet, um im folgenden Jahr ihre Nachkommenschaft wiederum als A-Stämme zu prüfen; der Züchtungszyklus beginnt mit ihnen aufs neue. Die restlichen Pflanzen jedes ausgelesenen A-Stammes werden gemeinsam geerntet; sie liefern das Saatgut für die B-Stammprüfung. Sollten sich in einem zur Weiterzucht bestimmten A-Stamm nur einige Pflanzen mit geringen Abweichungen befinden, so empfiehlt es sich, auch diese sicherheitshalber vorher zu entfernen, da man nie weiß, ob es sich nur um nicht-erbliche Modifikationen oder kleinere erbliche Varianten handelt. Eine gute Samenernte, auch in ungünstigen Jahren, erreicht man, wenn man die A-Stämme mit Frühbeetfenstern überdeckt, die auf einem Gerüst von Pfählen aufmontiert werden. Aus diesem Grunde ist es zweckmäßig, für die A-Stämme rechteckige Parzellen zu wählen und nicht eine oder zwei lange Reihen, die zwar günstiger für die Beobachtung, aber ungeeigneter für eine Abdeckung mit Frühbeetfenstern zur Samengewinnung sind. Im zweiten Prüfungsjahr sind nun 10 B-Stämme und etwa 30—50 A-Stämme zu prüfen. Die B-Stämme sollen nach Möglichkeit in mindestens vier Wiederholungen mit je 50 Pflanzen zur Feststellung ihrer Markteigenschaften ausgepflanzt werden. Dazu muß noch von jedem Stamm eine möglichst große Vermehrungsparzelle von etwa 1000 Pflanzen oder mehr angelegt werden.

In der B-Stamm-Leistungsprüfung werden nun nicht nur die bereits bei der A-Stammprüfung erwähnten Eigenschaften beurteilt, sondern es findet auch eine quantitative Auswertung der Leistung statt hinsichtlich Kopfgewicht, Durchmesser des Kopfes und Feststellung des Anteils der 1., 2. und 3. Ernte am Gesamtertrag.

Auf Grund der Ergebnisse der B-Stammprüfung wird dann der beste Stamm oder besser zwei bis drei gleichwertige Stämme für die Weiterzucht bestimmt. Hierzu dienen die B-Vermehrungen. Diese zur Samengewinnung bestimmten Vermehrungen müssen aber vor dem Durchschießen einer Kontrolle unterzogen werden, um irgendwelche abweichende Typen, die auf mechanische Verunreinigungen, zufällige Bastardierungen oder vielleicht auch Mutationen zurückgehen können, zu entfernen. Das Saatgut der B-Vermehrungen kann, wenn die Stämme gleichwertig sind, gemeinsam geerntet werden; es bildet die Stammsaat. Bei der großen Vermehrungsquote des Salats reicht gewöhnlich diese Ernte der B-Vermehrungen als Stammsaat für die Erzeugung der von einer Firma benötigten Verkaufsware aus, andernfalls sollten die B-Vermehrungen so groß angelegt werden, daß die anfallende Stammsaat für die Erzeugung des Handelssaatgutes ausreichend ist.

Ein großes Sortiment von Salaten ist vorhanden, das dazu dient, den Markt über einen möglichst großen Zeitraum des Jahres gleichmäßig zu versorgen. Die einzelnen Sorten sind in ihrer erblichen Konstitution weitgehend bestimmten Kulturmaßnahmen und Umweltbedingungen angepaßt; und nur, wenn ihnen diese geboten werden, sind sie in der Lage, ihre volle Leistungsfähigkeit zu entwickeln. Soll daher ein Treib- oder Frühsalat züchterisch verbessert werden, so muß die Auslese und Prüfung auch unter denselben Kulturbedingungen erfolgen, unter denen die Anzucht eines Treib- oder Frühsalats für den Markt erfolgt. Würden die Selektionen dieser beiden Salatgruppen im Sommer mit der Kultur der Sommersalate erfolgen, so würde wohl eine schnelle und gute Samenvermehrung erzielt werden, aber die Zuchtarbeit zu einem völligen Fiasko führen.

Genetische Analysen: Die Gruppe der Winter-, Treib- und Frühjahrssalate ist von der Gruppe der Sommersalate durch eine sehr wichtige physiologische Eigenschaft getrennt, nämlich durch eine unterschiedliche photoperiodische Reaktion. Die Winter-, Treib- und Frühsalate sind Langtagpflanzen; sie benötigen zum Übergang von der vegetativen zur reproduktiven Phase, d. h. zur Auslösung des Schossens und Blühens einen Langtag, also Tageslichtlängen von 17—18 Stunden. Bei Kurztagbedingungen von nur 10—12 Stunden Tageslänge wird das Schossen zurückgehalten, sie verharren für eine längere Zeitspanne im Stadium der Kopfbildung. Werden sie dagegen im Sommer unter Landtagbedingungen kultiviert, so bilden sie nur für kurze Zeit einen meist schlechten Kopf oder schossen ohne vorherige Kopfbildung. Die Sommersalate sind tagneutral, sie bilden Köpfe auch unter Langtagbedingungen. Bei Kultur unter Kurztagbedingungen wird die Schoßbildung nur wenig verzögert, dagegen leidet die Festigkeit der Kopfbildung.

Der Unterschied zwischen Lang- und Kurztagreaktionen wird durch ein mendelndes Gen Tt kontrolliert; TT- und Tt-Pflanzen sind Langtagsalate und tt-Pflanzen sind tagneutrale oder Sommersalate. Unabhängig von dieser photoperiodischen Reaktion wird die *Kopf*bildung vererbt. Bremer und Grana fanden in einer Treibkultur von „Kaiser Treib“ eine Mutation, die bei Langtag ohne Kopfbildung schoßte. Diese als „Kurztagrosette“ bezeichnete Mutation bildet nur eine Rosette statt eines Kopfes. Bei Kreuzungen dieser Mutation mit tagneutralen Sommersalaten trat in der F_2, wenn sie als Sommersalat kultiviert wurde, eine Aufspaltung in 12 Schosser: 3 Blattrosetten: 1 Kopf ein. Es liegt hier also eine bifaktorielle Spaltung vor; ¾ aller Pflanzen erweisen sich als Langtagpflanzen mit dem Gen T (TT oder Tt); d. h. sie schossen bei Sommerkultur, so daß die Eigenschaft der Rosetten- bzw. Kopfbildung nicht zur Ausbildung kommen kann; dagegen tritt bei den ¼ tt-Typen eine Spaltung in 3 Rosetten : 1 Kopf ein; die Kopfbildung ist also rezessiv. Rosetten sind daher KK oder Kk und Köpfe kk. Köpfe werden also bei langen Tagen nur von Pflanzen der Konstitution ttkk gebildet. Unter Kurztagbedingungen bilden aber auch TTkk und Ttkk-Typen in der F_2 Köpfe. Während also die Sommerkultur eine bifaktorielle Spaltung in 12 T·K· : 3 T·kk : 1 ttkk (Schosser : Rosetten : Köpfe) zeigt, tritt bei Frühjahrskultur eine monofaktorielle Spaltung in 12 K· : 4 kk (Rosetten : Schosser) ein, da sich im Kurztag die Spaltung von T : t nicht manifestiert.

Die Kenntnis der photoperiodischen Ursachen der Kopfbildung bzw. des Durchschossens ist nicht nur für die richtige Sortenwahl unter verschiedenen Breitengraden — je näher dem Äquator, um so kürzer im Sommer die Tageslängen — von großer Wichtigkeit, sondern auch für eine zielbewußte Durchführung der *Kombinationszüchtung*. Sie ist die wirksamste Methode in der Züchtung neuer Salatsorten, die berufen sind, noch bestehende Lücken in den Sortimenten auszufüllen.

Künstliche Kreuzungen sind nicht schwer durchzuführen. Ernst-Schwarzenbach erhielt je bestäubtes Blütenköpfchen, das Samen angesetzt hatte, 9—10 Samen. 5 Staubgefäße umschließen den Griffel; sie sind zu einer Röhre verwachsen. Die Narbenäste treiben beim Durchstoßen des Antherenringes große Pollenmassen vor sich her. Eine Kastration ist nur schwer durchzuführen und auch nicht nötig; vielmehr wird beim Öffnen der Blüten — ein Zeitpunkt, der genau abgepaßt werden muß — der Pollen von den Narbenästen mit einem Wasserstrahl abgespült;

nach dem Abtrocknen der Narbenäste kann die Bestäubung mit der Vatersorte erfolgen. Ein Zuchtziel, das von Schreiber erstrebt und in seiner Neuzüchtung „Tenax" weitgehend verwirklicht wurde, ist die Kombination von früher Kopfbildung der Frühjahrssalate mit langer Kopfdauer der Sommersalate (Prüfungsergebnisse). Als ein Elter wurden die Sommersalate „Brauner Trotzkopf" und „Wunder von Stuttgart" und als anderer Elter die Frühsalate „Maikönig" und „Böttners Treib" benutzt.

Weitere Möglichkeiten der Kombinationszüchtung sieht Schreiber bei den gefärbten Sorten. Diese Sorten, zu denen u. a. „Wunder der vier Jahreszeiten", „Brauner Trotzkopf" und „Forellensalat" gehören, sind zwar sehr dekorativ und appetitanregend, haben aber harte Blätter und keinen guten Kopf.

Eine lohnende Aufgabe liegt auch in einer Verbesserung der Winterfestigkeit der Frühkopfsalate durch Kreuzungen mit Winterkopfsalaten, um Salatsorten zu schaffen, die auch in der kalten Jahreszeit im Freiland angebaut werden können.

Zur selben Spezies Lactuca sativa gehört außer dem Kopfsalat der Pflück-, Schnitt- oder Stecksalat (= varietas foliosa), ferner der Bindesalat, auch Römischer Salat genant, Kochsalat oder die Sommerendivie (= varietas longifolia) und der Spargelsalat (= varietas angustana). Diese Varietäten haben bisher keine intensive züchterische Bearbeitung erfahren. Sie dürften auch für die Kombinationszüchtung der Kopfsalate interessant sein. So ist der gegen den Blattspitzenbrand resistente amerikanische Sommerkopfsalat „Cosberg" aus der Kreuzung des Krachsalats „Laibacher Eis" mit einer Sommerendivie entstanden.

Wenn die Kombinationszüchtung sich erst einmal auf breiterer Basis entwickelt haben wird, dürfte auch an eine Einbeziehung von verwandten Wildarten in das Kreuzungsprogramm zu denken sein, aus denen vielleicht einige wertvolle Erbanlagen in die Kulturformen übertragen werden können. Wildarten wie Lactuca scariola und L. tartarica haben wie L. sativa n = 9 Chromosomen und ergeben mit diesem fruchtbare Bastarde. — L. scariola soll hochgradig gegen den Falschen Mehltau resistent sein.

5. Züchtung von Tomaten

Recht vielseitig sind die Zuchtmethoden, die bei der züchterischen Bearbeitung der Tomaten in Einsatz gebracht werden können. Zu den großen Vorteilen in züchtungstechnischer Hinsicht, durch die sich die Tomate vor den anderen bisher besprochenen Kulturpflanzen auszeichnet, gehört die Gewinnung großer Samenmengen von der Einzelpflanze, die leichte Kreuzbarkeit, der hohe Samenansatz nach künstlicher Befruchtung und schließlich die leichte vegetative Vermehrbarkeit durch Triebstecklinge.

Da es auch heute noch in manchen Ländern Populationen von Tomaten gibt — vor allem im Westen Südamerikas sind noch viele Formengemische von kultivierten und halbkultivierten Typen anzutreffen —, können durch Anwendung der Individualauslese schnell züchterische Fortschritte erzielt werden.

Werden z. B. aus einem Formengemisch oder aus einer verunreinigten, bereits bestehenden Sorte etwa 100 Pflanzen für die Nachkommenschaftsprüfung ausgelesen, so empfiehlt es sich, die A-Stammprüfung zunächst nur in Form einer Vorprüfung auszuführen, d. h. es werden nicht mehr als 10 Pflanzen von jedem Stamm in eine Reihe gepflanzt und in gewissen Abständen, etwa nach jedem 10. Stamm, als Standard eine bestehende gute Sorte oder die Population zum Vergleich (s. Abb. 5). Die Beurteilung dieser A-Stamm-Vorprüfung erfolgt im wesentlichen nach dem Augenschein, doch ist es möglich, auch ertragliche Feststellungen durchzuführen, wobei es sich empfiehlt, von jeder Pflanze die reifen Früchte zu wiegen und dann den Durchschnitt aller 10 Pflanzen zu ermitteln. Da diese Prüfungen aber ohne Wiederholungen vorgenommen sind, darf ihnen noch keine entscheidende Bedeutung bezüglich der Ertragsfeststellung beigemessen werden. Auf Grund dieser Vorprüfung werden etwa 5—10 A-Stämme für die Hauptprüfung des folgenden Jahres bestimmt. Für diese Hauptprüfung wird auf das Reservematerial des Vorjahres zurückgegriffen. Diese Leistungsprüfung sollte in vier- bis sechsfacher Wiederholung

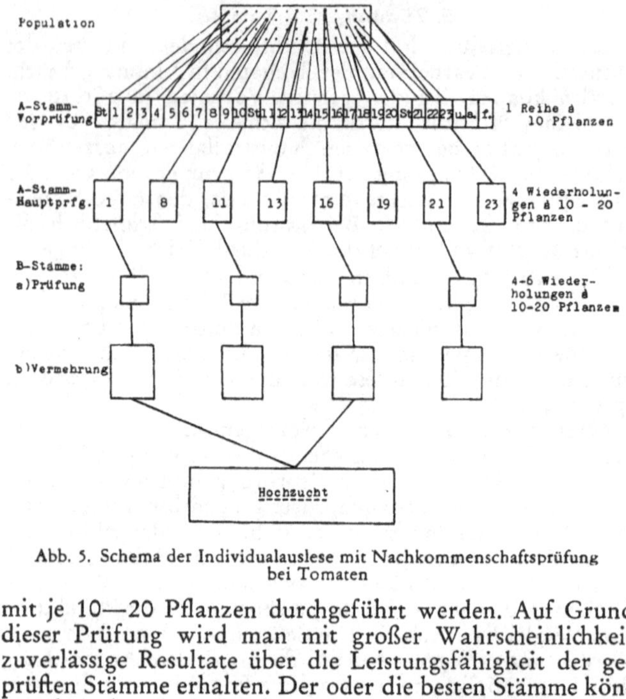

Abb. 5. Schema der Individualauslese mit Nachkommenschaftsprüfung bei Tomaten

mit je 10—20 Pflanzen durchgeführt werden. Auf Grund dieser Prüfung wird man mit großer Wahrscheinlichkeit zuverlässige Resultate über die Leistungsfähigkeit der geprüften Stämme erhalten. Der oder die besten Stämme können dann bereits im nächsten Jahr vermehrt werden, doch empfiehlt es sich, mit ihnen noch weitere Leistungsprüfungen durchzuführen, und zwar nicht nur am Zuchtort, sondern auch in anderen Gebieten, um die Ergebnisse des Vorjahres zu verifizieren und Einblick in die ökologische Streubreite zu erhalten. Gleichzeitig empfiehlt es sich, neue Einzelpflanzen aus den besten Stämmen auszulesen, um mit ihnen den Züchtungszyklus fortzusetzen. Aus der ersten Vermehrung kann im allgemeinen die für den Markt benötigte Saatgutmenge der Sorte gewonnen werden.

Manche Tomatensorte hat die Eigenschaft zu „spielen", d. h. abweichende Formen zu bilden, wobei es sich teilweise um Mutationen, sehr häufig aber um Modifikationen handelt, die durch Klima, Ernährung und Kultureinflüsse verstärkt oder abgeschwächt werden können.

Die Werteigenschaften, die bei der Auslese berücksichtigt werden müssen, sind recht zahlreich. Ein wirtschaftlich sehr wichtiger Faktor ist ein frühzeitiger Ertrag, da die Tomatenpreise im Frühsommer besonders hoch liegen und die Rentabilität der Tomatenkultur im wesentlichen von der Höhe eines möglichst frühen Ertrages bestimmt wird. Sehr wichtig ist weiterhin die Marktgängigkeit der Früchte, d. h. es werden mittelgroße, runde Früchte von gleichmäßiger Sortierung für den Frischmarkt gefordert, während die Konservenindustrie für die Markgewinnung großfrüchtige Formen mit viel Mark und wenig Samen fordert. Für die Marktgängigkeit sind fernerhin Platzfestigkeit und Druckfestigkeit von Bedeutung und daher auch in der Selektion zu berücksichtigen. Für den feldmäßigen Anbau hat die Buschtomate Interesse bzw. Typen mit einem begrenzten Wachstum oder solche, die keine Nebentriebe bilden. Derartige Genotypen sind in Amerika als „selfpruning types" beschrieben worden.

Bei der wachsenden Ausbreitung des Tomatenanbaues werden die Schädigungen durch parasitäre Krankheiten größer, so daß die Züchtung resistenter Sorten eine steigende Bedeutung gewinnt, z. B. ist bei Sorten, die im Gewächshaus kultiviert werden, eine Resistenz gegen Cladosporium fulvum erwünscht. Im Freilandanbau spielen die Welkekrankheiten, hervorgerufen durch Verticillium alboatrium und Fusarium oxysporum, ferner die Schwarzfleckigkeit, hervorgerufen durch Alternaria, die Braunfäule, verursacht durch Phytophthora infestans und verschiedene Viruskrankheiten eine große Rolle.

Neue Sorten, die eine Vielzahl der aufgeführten Eigenschaften in sich vereinigen, können heute nur noch auf dem Wege der Kombinationszüchtung geschaffen werden. Als Kreuzungselter wird man zunächst geeignete Kultursorten auswählen. Das Kastrieren und Bestäuben ist sehr leicht durchzuführen. Sind die Eltern nicht zu sehr voneinander verschieden, so daß keine allzu große Variation in F_2 eintritt, so beginnt man bereits in der F_2, die nicht weniger als 500 Individuen umfassen sollte, mit der Auslese von Einzelpflanzen. Diese werden mit ca. 50 Pflanzen als A-Stämme in der F_3 nachgebaut. Die Individuenzahl darf nicht zu niedrig bemessen sein, um vorkommende Spaltungen zu entdecken. Die Auslese von Einzelpflanzen aus A-Stämmen muß so lange fortgesetzt werden, bis konstante Nachkommenschaften gefunden worden sind. Eine ramschmäßige Behandlung der Spaltungsgeneration kommt bei dem großen Raumanspruch der Einzelpflanze und dem Fortfall der natürlichen Auslese nicht in Betracht.

Bei der Züchtung krankheitsresistenter Sorten sind Kreuzungen von Kultursorten mit Wildarten durchzuführen, wie z. B. mit Lycopersicum pimpinellifolium, die resistent gegen Cladosporium fulvum ist und sich auch durch Frühreife und sehr kleine aber platzfeste und zuckerreiche Früchte von 1—2 g auszeichnet. In der Wildart Lycopersicum peruvianum finden sich dagegen Genotypen, die gegen Welke und Viruskrankheiten resistent sind.

Die Bastarde aus der Kreuzung Kultur × Wildform sind voll fertil, zeigen aber so komplizierte Spaltungen, daß aus wiederholten Auslesen in der F_2 und den Folgegenerationen die gewünschte Kombination von Cladosporium-Resistenz mit ausreichender Fruchtgröße nicht gewonnen werden kann. Die Resistenz der Wildform gegen Cladosporium beruht zwar auf einem dominanten Gen und kann somit ohne Schwierigkeiten auf die Kulturform übertragen werden, die Vererbung der Fruchtgröße ist aber bei weitgehender Dominanz der Kleinfrüchtigkeit polygen bedingt, so daß in F_2 und in folgenden Generationen sehr komplizierte

Spaltungen auftreten. Die Fruchtgröße der Bastarde resultiert in der Regel nicht aus dem arithmetischen Mittel der beiden Eltern, sondern aus dem geometrischen. Ist z. B. die Fruchtgröße des Wildelters 2 g und die des Kulturelters 200 g, so ist die Fruchtgröße des Bastards auf Grund der bisherigen genetischen Analysen etwa gleich $\sqrt{2 \times 200} = 20$, d. h. also, der Bastard ist außerordentlich kleinfrüchtig und gleicht weitgehend dem Wildelter. Zur Erreichung des erstrebten Zuchtzieles bleibt daher nur der Weg wiederholter Rückkreuzung des F_1-Bastards mit dem Kulturelter übrig. Wird der heterozygot resistente F_1-Bastard (Rr) mit dem anfälligen Kulturelter rückgekreuzt, so treten in der Nachkommenschaft 50 % anfällige Pflanzen auf (s. Abb. 6).

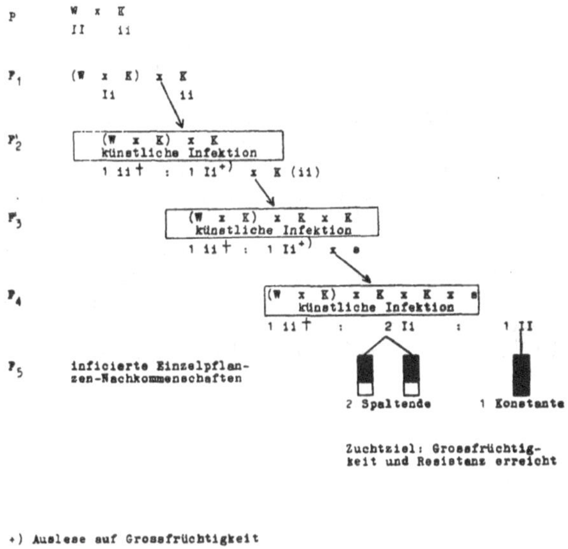

Abb. 6. Schema der Rückkreuzungsmethode bei Tomaten zur Gewinnung Cladosporium-resistenter Formen mit großen Früchten

Diese müssen bereits im Sämlingsstadium mit Hilfe eines künstlichen Infektionsverfahrens ausgemerzt werden. Aus den verbliebenen resistenten Formen werden die großfrüchtigsten ausgelesen, um mit ihnen eine nochmalige Rück-Kreuzung mit dem Kulturelter vorzunehmen. In der hieraus hervorgehenden Nachkommenschaft wird der bereits beschriebene Vorgang der künstlichen Selektion der anfälligen Typen wiederholt. Die großfrüchtigen Formen können nun wenn notwendig noch einmal rückgekreuzt werden, oder es werden aus Selbstung von ihnen Nachkommenschaften gezogen mit dem Ziel homozygot-resistente Typen zu finden, was wieder mit Hilfe künstlicher Infektion geschieht.

Durch die wiederholten Rückkreuzungen mit dem Kulturelter tritt in den Rückkreuzungs-Nachkommenschaften einerseits eine Anhäufung von Genen für Großfrüchtigkeit ein, andererseits wird aber auch die Anlage für Cladosporium-Anfälligkeit immer wieder auf den Nicht-Rückkreuzungselter übertragen. Die Auslese von resistenten Pflanzen in den Rückkreuzungsgenerationen bereitet aber keine Schwierigkeiten, da die Resistenz auf einem dominanten Gen beruht und somit in den Rückkreuzungsnachkommenschaften 50 % resistente Pflanzen herausspalten, die phaenotypisch erkennbar sind.

Schwieriger gestaltet sich die Durchführung wiederholter Rückkreuzungen, wenn die erwünschten Eigenschaften des Nicht-Rückkreuzungselter rezessiv bedingt sind. Sie sind also weder im Bastard noch in den Nachkommenschaften der Rückkreuzungen sichtbar, da der zur Rückkreuzung des Bastards benutzte Elter die dominanten Allelle der betreffenden Eigenschaften besitzt. Diese Verhältnisse seien an einem Beispiel aus der amerikanischen Tomatenzüchtung erläutert.

Bei der Saatguterzeugung von Heterosissorten, auf die weiter unten näher eingegangen wird, werden als Kreuzungselter männlich sterile Sorten bevorzugt, da sich bei diesen das Kastrieren erübrigt. Eine derartig männlichsterile Mutante ist rezessiv von der Konstitution ps ps. Aus später zu erläuternden Gründen wurde sie mit 2 rezessiven Markierungsgenen kombiniert: c für kartoffelartiges Blatt und a für grünen Stengel. Die Aufgabe bestand nun darin, die 3 rezessiven Gene psps cc aa in andere Kultursorten unter Beibehaltung ihrer sonstigen Sorteneigentümlichkeit zu übertragen. Dies kann nur auf dem Wege wiederholter Rückkreuzungen des Bastards mit der jeweiligen Sorte erfolgen. Der Bastard ist bezüglich der drei Eigenschaften von der Konstitution Psps Cc Aa, gleicht also phaenotypisch in diesen Eigenschaften dem Elter, auf den dieselben übertragen werden sollen. Wird dieser Bastard nun mit dem Elter PsPs CC AA rückgekreuzt, so treten in der Nachkommenschaft 8 verschiedene Genotypen auf, von denen nur einer dreifach heterozygot ist, und nur *dieser* ist für die weiteren Rückkreuzungen mit dem dominanten Elter zu verwenden. Um ihn herauszufinden, wird von 20—30 Pflanzen der Rückkreuzungsgeneration Samen aus Selbstbestäubung geerntet, um ihre Nachkommenschaft auf Spaltungen bezüglich Ps, C und A zu prüfen. Gleichzeitig werden die Pflanzen, von denen eine Nachkommenschaft gezogen wird, vegetativ vermehrt. Die Nachkommenschaften müssen mindestens 200 Pflanzen umfassen, da der dreifach rezessive Typ nur einmal unter 64 herausspaltet. Werden die Aussaaten frühzeitig vorgenommen, so kann man schon im zeitigen Frühjahr an den Pflanzen im Frühbeet die Aufspaltungen erkennen. Nur Nachkommenschaften, in denen psps cc aa Genotypen herausspalten, können von dem dreifach Heterozygoten Psps Cc Aa der ersten Rückkreuzungsgeneration abstammen, also demjenigen Genotyp, mit dem die zweite Rückkreuzung durchgeführt werden muß. Die inzwischen vegetativ vermehrten Pflanzen dieser Konstitution werden dann für die 2. Rückkreuzung mit dem Sortenelter benutzt. Wird dieser Vorgang der Rückkreuzung mit Hilfe von Testkreuzungen mehrere Male wiederholt, so lassen sich in kurzer Zeit diese 3 rezessiv bedingten Merkmale mit dem Sortentyp des zu den Rückkreuzungen benutzten Elter verbinden. Man kann natürlich auch sämtliche 20—30 Pflanzen jeder Rückkreuzungsgeneration sogleich mit dem Sortenelter rückkreuzen und dann auf Grund der im Frühjahr erhaltenen Spaltungsergebnisse nur die Nachkommenschaften der Ps ps Cc Aa Genotypen auspflanzen. Man gewinnt zwar hierdurch ein Jahr, kann aber im günstigsten Falle nur ⅛ der gemachten Rückkreuzungen benutzen und ebenso ⅛ der bereits angezogenen, wenn auch noch nicht ausgepflanzten Nachkommenschaften verwenden.

Eine besondere Form der Rückkreuzung, die sich bei der Tomate ebenfalls sehr leicht anwenden läßt, ist die sog. *Konvergenzzüchtung*. Diese besteht darin, daß mit dem Bastard zwei Rückkreuzungsserien ausgeführt werden. In der einen Serie erfolgen Rückkreuzungen mit dem einen Elter, und in der anderen Serie Rückkreuzungen mit dem zweiten Elter. In jeder Nachkommenschaft einer Rückkreuzung erfolgt eine Auslese auf Merkmale des nicht zur Rückkreuzung benutzten Elter. Wird dieses System von Rückkreuzungen und Selektionen mehrere Generationen fortgesetzt und schließlich durch einige Selbstungsgenerationen zur Gewinnung homozygoter Linien abgeschlossen, so entstehen 2 „wiederhergestellte“ Elternlinien (= recovered lines). Diese unterscheiden sich von den gekreuzten Ausgangseltern dadurch, daß sie im Vergleich zu diesen eine Mehrzahl von Genen gemeinsam haben. Kreuzt man nunmehr die „wiederhergestellten“ Elternlinien, so ist ihr Bastard bereits weniger heterozygot und damit auch die Spaltungsgeneration weniger heterogen. Werden jetzt wieder in der bereits geschilderten Weise zwei Rückkreuzungsserien durchgeführt, so stellen ihre Endprodukte weitgehend Kombinationen beider Eltern dar (s. Abb. 7).

Die Konvergenzzüchtung ist eine wirkungsvolle Methode, um die Erbanlagen komplexer Eigenschaften zweier Linien – wie den Ertrag –, die auf polygenen Systemen beruhen, in einer Linie zu vereinigen.

Die Wirksamkeit der Kombinationszüchtung nicht nur bei Tomaten, sondern auch bei anderen Kulturpflanzen, wird um so größer sein, je mehr es gelingt, die Methoden der Rückkreuzung sinngemäß zum Einsatz zu bringen. Man sollte daher den wirtschaftlich höheren Aufwand und die technischen Schwierigkeiten der Kreuzungen, die z. B. bei

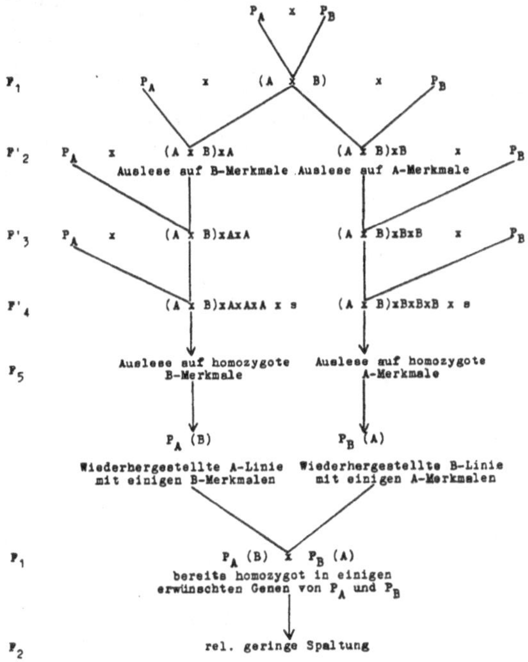

Abb. 7. Schema einer Konvergenzzüchtung

Bohnen und Erbsen mit dieser Züchtungsmethode verbunden sind, nicht scheuen. Der Erfolg wird sie sicherlich rechtfertigen.

Bei der Tomate hat auch die Züchtung von *Heterosissorten* eine praktische Bedeutung gewonnen. So berichten die amerikanischen Forscher L a r s e n u. C u r r e n s über

Versuche, nach denen F_1-Bastarde den leistungsstärkeren Elter bis zu 47 % im Frühertrag und bis zu 30 % im Gesamtertrag übertreffen können. Da von der Leistung der Eltern nicht auf den Heterosiseffekt der Bastarde geschlossen werden kann, ist zunächst eine große Zahl der Sorten mit einer Testsorte zu prüfen. Aus der Leistung ihrer Bastarde wird die „allgemeine Kreuzungseignung" (general combining ability) der getesteten Sorten festgestellt. Es folgen danach diallele Kreuzungen der Sorten mit der besten allgemeinen Kreuzungseignung, um ihre spezielle Kreuzungseignung (special combining ability) zu ermitteln, d. h. diejenigen Kreuzungspartner, die den höchsten Heterosiseffekt ergeben.

Da die Erzeugung von F_1-Saatgut für den Verbraucher bei höheren Saatgutpreisen durchaus wirtschaftlich sein kann, haben in verschiedenen Ländern Heterosissorten bereits Eingang in die Praxis gefunden. Ein Mädchen kastriert und bestäubt etwa 250 Blüten an einem Tag. In den USA wird für 1000 Samen ein Preis von 1 $ erzielt.

Die Saatguterzeugung von Heterosissorten wird erleichtert durch die Benutzung männlich steriler Linien, also von Formen, die als mütterlicher Elter nicht kastriert zu werden brauchen. — Rick stellte bei 12 männlich sterilen Mutanten verschiedener Herkunft fest, daß die Sterilität durch ein rezessives Gen bestimmt wird; bei 4 Mutanten handelte es sich um dasselbe Gen; bei den 8 restlichen um verschiedene nicht-allele Gene.

Nach Erfahrungen amerikanischer Forscher treten männlich sterile Formen in einer Häufigkeit von etwa 0,1 % auf. Sie sind an den kleineren Früchten und der stärkeren vegetativen Entwicklung zu erkennen. In diesen Früchten findet man leicht einige Samen, die aus zufälliger Fremdbestäubung mit normalen Nachbarpflanzen entstanden sind. Die aus ihnen hervorgehenden Pflanzen sind wieder fertil, aber heterozygot bezüglich des Gens für männliche Sterilität.

Die aufgefundenen männlich sterilen Pflanzen können ohne Schwierigkeiten vegetativ durch Triebspitzen vermehrt werden. Bestäubt man nun in dem folgenden Jahr diese vegetativ vermehrten, sterilen Pflanzen mit Pollen der oben erwähnten Heterozygoten, so erhält man in der Nachkommenschaft 50 % sterile und 50 % fertile Pflanzen, die man ohne weiteres unterscheiden kann. Die sterilen Pflanzen müssen nun mit einer geeigneten normalen Vatersorte bestäubt werden, d. h. mit einer Sorte, die einen möglichst großen Heterosiseffekt ergibt. Von den 50 % fertilen Pflanzen können die Früchte nur als Marktware verwendet werden. Gleichzeitig dienen sie als Pollenelter zur Bestäubung von männlich-sterilen Pflanzen, um diesen Stamm fortzuziehen. Der Züchtungsgang ist aus dem Schema der Abb. 8 zu ersehen.

Als einer der beiden Heterosispartner haben sich solche Mutanten für besonders geeignet erwiesen, die zwar einen funktionsfähigen Pollen ausbilden, bei denen es aber zu keiner Selbstbestäubung kommen kann, da infolge fester Umschließung der Staubgefäße durch die sich nicht öffnenden Blumenblätter oder anderer Eigentümlichkeiten im Blütenbau das Ausstäuben des Pollen verhindert wird. Der Griffel ragt bei diesen Formen aus der Blüte hervor und kann daher mit Hilfe einer Pinzette leicht bestäubt werden. Natürliche Kreuzungen finden relativ selten statt. Um trotzdem vorkommende Selbstungen im Heterosissaatgut frühzeitig vor dem Auspflanzen erkennen zu können, werden derartige Mutanten mit rezessiven Markierungsgenen versehen, wie es auf S. 56 für die ps ps-Mutante erläutert worden war. — Da mit Hilfe einfacher Manipulationen der Blütenstaub aus den Staubgefäßen derartig steriler Formen gewonnen werden kann, erübrigt sich eine Fortpflanzung auf vegetativem Wege und durch Bestäubung mit heterozygoten Vätern, in deren Nachkommenschaften bekanntlich nur 50 % sterile Pflanzen erscheinen.

Als sehr erfolgreiche Heterosissorte für den Treibtomatenanbau hat sich die von Weibullsholm in Schweden gezüchtete „Immuna“ erwiesen (A x e l s o n). Sie vereinigt in sich Widerstandsfähigkeit gegen Cladosporium, hohen

Ertrag und Frühreife. Als Muttersorte wird eine relativ großfrüchtige und männlich sterile Linie verwandt. Die Vaterlinie ist kleinfrüchtig; sie ist aus Kreuzungen hervor-

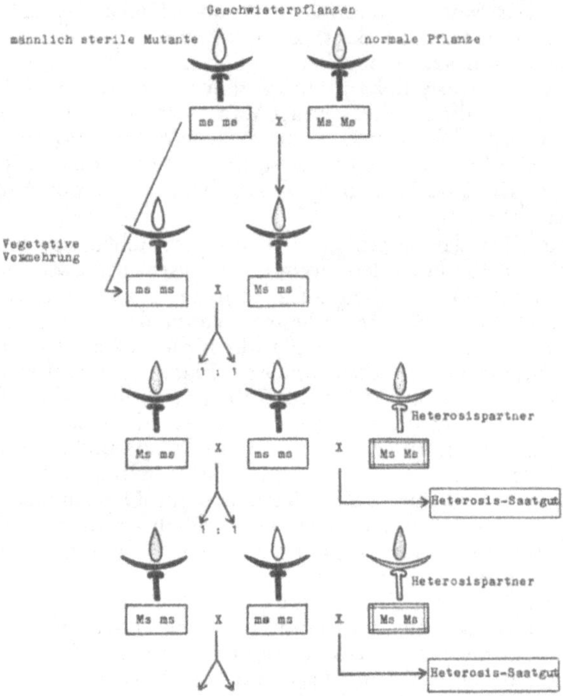

Abb. 8. Schema der Vermehrung männlich steriler Formen bei Tomaten und ihre Verwendung in der Heterosiszüchtung

gegangen, in denen L. pimpinellifolium beteiligt war und hat von dieser die Resistenz gegen Cladosporium erhalten. Die Resistenz wird durch ein dominantes Gen vererbt.

Auch auf dem Gebiet der *Mutationszüchtung* sind bei der Tomate bereits wertvolle Vorarbeiten geleistet worden. Wenn auch noch keine Sorten durch künstliche Erzeugung von Genmutationen entstanden sind bzw. sich im Handel befinden, so ist doch bereits ein besonders umfangreiches und erfolgversprechendes Material von Stubbe durch Röntgenstrahlen erzeugt worden. Unter diesen befinden sich neben Mutanten, die die Blattform, die Farbe und Form der Früchte usw. verändern, auch solche, die für die Züchtung von größtem Interesse sind, wie z. B. Mutanten mit einer Buschform, solche mit einem aufrechten Blütenstand, ferner eintriebige Formen und vor allen Dingen eine größere Zahl, die erheblich frühreifer sind als die Ausgangsformen.

Mit Hilfe von Colchicin sind auch tetraploide Formen von verschiedenen Autoren hergestellt worden. Der Nachteil aller bisher erzeugten *tetraploiden* Linien liegt darin, daß die Fertilität gestört ist und daß ein Rückgang des Fruchtgewichtes eintritt, und zwar bei reinen tetraploiden Linien um 40—50 % und bei tetraploiden Bastarden um 20—30 %. Die bisherigen Versuche haben aber gezeigt, daß es möglich ist, durch Kreuzungen und nachfolgende Selektionen die Fertilität zu steigern. Die primären Ursachen für Fertilitätsstörungen sind in der genotypischen Konstitution der Ausgangsform zu suchen. Nicht die Multivalentenbildung während der Meiosis und nicht die Vergrößerung der Zellen bei den Tetraploiden stehen nach Quadt in unmittelbarem Zusammenhang mit den Fertilitätsstörungen; es können hohe Vergrößerungs-Indices mit guter Fertilität und niedrige mit geringer Fertilität verbunden sein. Sehr interessant ist auch die Tatsache, daß nach Quadt bei dem Übergang von der diploiden zur tetraploiden Form zuweilen Veränderungen der Fruchtform bei manchen Sorten, und zwar von länglich zu rund eintreten können. — Auch Einflüsse des Plasmons auf die Form der Kotyledonen wurden beobachtet.

B. Züchtung von fremdbefruchtenden Gemüsearten

1. Allgemeines über die Züchtungsmethoden

Bei der züchterischen Verbesserung der fremdbefruchtenden Gemüsearten können grundsätzlich dieselben Methoden zum Einsatz gebracht werden, wie sie für die Züchtung der selbstbefruchtenden Arten beschrieben wurden. In der Auslesezüchtung, d. h. in der Prüfung der Nachkommenschaften von Einzelpflanzen, besteht aber ein grundlegender Unterschied zu den Selbstbefruchtern; die Auslese bei den Fremdbefruchtern erfolgt weitgehend nach dem Erbwert der Mutter, während der Erbwert des Vaters eine im wesentlichen unbekannte Größe ist. Der zur Befruchtung gelangende Pollen ist ein Gemisch von verschiedenen Genotypen. Durch die Methode der Individualauslese mit Prüfung der Nachkommenschaften können daher fremdbefruchtende Populationen nicht ohne weiteres in reine Linien zerlegt werden; eine genetische Differenzierung der Population ist erheblich schwieriger durchzuführen. Die Nachkommenschaften von Einzelpflanzen sind genetisch nicht gleich; sie bestehen aus Halbgeschwistern, die zwar alle von derselben Mutter abstammen, aber von verschiedenen Vätern meistens unbekannter Herkunft. Die Nachkommenschaften fremdbefruchtender Einzelpflanzen werden allgemein als „Familien“ bezeichnet, im Gegensatz zu den Stämmen, den Nachkommenschaften von selbstbefruchtenden Einzelpflanzen, die aus erbgleichen Individuen bestehen.

Durch wiederholte Auslesen von Einzelpflanzen in den Familien, die sich über mehrere Generationen erstrecken, ist es zwar möglich, die genetische Variabilität einzuschränken und zu stark differenzierten Familien zu gelangen, doch häufig wird mit dieser zunehmenden Homozygotie ein anderer Nachteil erkauft, nämlich ein Nachlassen der Wüchsigkeit infolge Inzucht. Aus diesen Gründen hat die Individualauslese bei den Fremdbefruchtern nicht immer die gewünschten Erfolge gebracht wie bei den Selbstbefruchtern; gut durchgeführte Massenauslesen haben sich oft als ebenso wirksam, wenn nicht gar als wirkungsvoller erwiesen. Die auch heute noch bestehende Unausgeglichenheit vieler Sorten fremdbefruchtender Arten, besonders bei Möhren, zeigt, wie notwendig die Entwicklung und Anwendung von Zuchtmethoden ist, die wirkungsvoller als die bisher in der Praxis angewendeten sind.

Es kommt darauf an, verschiedene Methoden der Regulierung der Fremdbefruchtung zu entwickeln und diese entsprechend der Fortpflanzungsbiologie der betreffenden Art bei der genetischen Differenzierung des Ausgangsmaterials einzusetzen. Treten hierbei Inzuchtschäden auf, so sind diese durch verschiedene Kreuzungsverfahren, d. h. mit dem Ziel der Erzeugung von Heterosis, wieder zu kompensieren.

Die wichtigste Methode zur Verbesserung der fremdbefruchtenden Gemüsearten ist daher die Inzucht-Heterosismethode; ihre genetischen Grundlagen und ihre allgemeinen Anwendungsmöglichkeiten sind bereits im Band 1134 beschrieben worden. Von dieser Methode sind eine Vielzahl von Varianten entwickelt worden, die vor allem die unterschiedliche Fortpflanzungsbiologie der einzelnen Arten und die technischen Möglichkeiten der Befruchtungsregulierung und der Durchführung der Massenkreuzungen erforderlich gemacht haben. Besonders in den Abschnitten, die sich mit der Züchtung von Kohl, Zwiebeln und Möhren befassen, werden diese Verhältnisse eingehend behandelt.

Dieselben großen Erfolge, die durch die Individualauslese und die Kombinationszüchtung bei den Selbstbefruchtern erzielt worden sind, werden in einem vielleicht noch größerem Ausmaß bei den Fremdbefruchtern durch die verschiedenen Variationen der Inzucht-Heterosismethode zu erreichen sein.

Auch die Kombinationszüchtung ist bei den Fremdbefruchtern mit Erfolg anzuwenden; in ihrer allgemeinen Bedeutung gegenüber der Inzucht-Heterosiszüchtung tritt sie aber zurück. Hierbei ist zu bemerken, daß die Inzucht-Heterosiszüchtung auch eine Art Kombinationszüchtung ist, nur mit dem Unterschied, daß die durch Kreuzung erzielte F_1-Kombination nicht zur Konstanz gezüchtet zu werden braucht. Eine Konstanzzüchtung von Merkmalskombinationen ist bei Fremdbefruchtern erheblich schwieriger als bei Selbstbefruchtern durchzuführen, vor allem durch die Notwendigkeit einer Regulierung der Fremdbefruchtung.

Aus denselben Gründen wird man mit der Erzeugung von Genmutationen sehr zurückhaltend sein. Dies ist so lange nicht notwendig, wie es noch möglich ist, rezessive Genotypen durch erzwungene Selbstbestäubung aus den Populationen zum Herausspalten zu bringen und somit die genetische Variationsbreite des Zuchtmaterials zu erweitern. Recht vielversprechend ist dagegen die durch die Erzeugung polyploider Rassen gekennzeichnete Form der Mutationszüchtung, und zwar sowohl die Erzeugung auto- als auch allopolyploider Formen. Die Erfolge, die mit dieser Methode in der Züchtung landwirtschaftlicher Kulturpflanzen wie bei Zuckerrüben, Roggen, Rot- und Grünklee erzielt worden sind, legen es nahe, auch bei den fremdbefruchtenden Gemüsearten die Wege der Polyploide zu beschreiten.

2. Züchtung von Radies und Rettich

Als Ausgangmaterial steht dem Züchter ein großes Sortiment einheimischer Sorten zur Verfügung. Diese unterscheiden sich nicht nur hinsichtlich Farbe, Form und Geschmack, sondern auch in ihrem Entwicklungsrhythmus, der Reifezeit und ihrer Eignung für verschiedene Umwelt- und Kulturbedingungen.

Die Radiessorten, Treib- und Freilandsorten, sind alle einjährig. Von den Rettichen werden nur die Treibsorten, wie „Ostergruß", einjährig gezogen, während die Sommer-, Herbst- und Winterrettiche im Sommer gesät und dann über Winter eingelagert werden, um im nächsten Jahr Samen zu erzeugen.

Eine besondere große Formenmannigfaltigkeit des Rettichs, die von derjenigen Europas weit verschieden ist, findet sich in China, Japan und Indien. Vielfach unterscheiden sich diese Formen auch in ihrer photoperiodischen Reaktion. In China werden die Rettiche nicht nur wie in Europa als Delikateßgemüse genutzt, sondern auch als Kochgemüse und Futter, wozu sich die dort vorkommenden Riesenformen besonders gut eignen.

Radies und Rettich sind sehr eng miteinander verwandt. Beide Subvarietäten der Species Raphanus Raphanistrum L. var. sativum haben $n = 9$ Chromosomen, ergeben fertile Bastarde und zeigen in F_2 ungestörte Mendelspaltungen. Die länglichen weißen Radies-Eiszapfen und die in der Form sehr ähnlichen roten Ostergruß-Rettiche sind vielleicht als Übergangsformen zu betrachten, die man sowohl in die eine als auch in die andere Gruppe stellen könnte.

Da die durch Farbe, Form und Entwicklungsrhythmus unterschiedenen Sorten häufig mehr oder weniger starke Formengemische bilden, bieten sie das am besten geeignete Ausgangsmaterial für den Züchter, sei es, daß er die bestehenden Sorten verbessern oder neue schaffen will.

Bei der Auslese von Einzelpflanzen und der Beurteilung von Nachkommenschaften steht nicht so sehr der Gesamtertrag im Vordergrund als die Einzelpflanze, ihre Sortenechtheit und Gleichmäßigkeit in Farbe und Form und ihre qualitativen Eigenschaften, wie Festigkeit des Fleisches und Geschmacks. Es kommt darauf an, auf einer gegebenen Fläche eine möglichst große Zahl marktgängiger Pflanzen in einheitlicher und sortenechter Sortierung zu erzeugen; Radies und Rettich werden weitgehend mit dem Auge gegessen. Schwierigkeiten in der Auslese und Beurteilung ergeben sich dadurch, daß die wertbestimmenden Eigenschaften, besonders die Knollenform, auch stark von Umweltbedingungen beeinflußt und verändert werden. So kann die Form des Radies durch Anbaumethode, Saattiefe und Düngung verändert werden. Bei hartem Boden, Trockenbett oder auch Kalimangel werden genetisch an sich runde

Formen länglich. Auch eine unterschiedliche Saattiefe beeinflußt die Knollenform. Die Größe der Knolle und ihre Frühzeitigkeit wird beeinflußt durch die Größe der Samen. Große Samen erzeugen größere und frühzeitigere Knollen. In einer einfachen Sortierung des Saatgutes durch verschiedene Siebe kann eine Sorte *modifikativ* verbessert werden. Ferner ist die Knollenbildung durch die Temperatur modifizierbar, indem Temperaturen über 25° C die Bildung schlechter Knollen verursachen. Auch die so wichtige Eigenschaft der Platzfestigkeit, die genetisch bedingt ist, kann durch unsachgemäße Pflege, wie unregelmäßiges Gießen bei Trockenheit, ungünstig beeinflußt werden (Becker und Vogel). Die Farbe vom Radies wird mit dem Überständigwerden aufgehellt; die Auslesen haben daher frühzeitig zu erfolgen, d. h. im Zeitpunkt der beginnenden wirtschaftlichen Nutzung. Nur dann kann man auch die für die Treibsorten so wichtige Eigenschaft der Frühzeitigkeit feststellen. Da die Marktfähigkeit des Radies von einem Mindest-Knollendurchmesser bestimmt wird, bedient man sich zu ihrer Feststellung einer Schablone mit verschiedenen großen Löchern (Becker und Vogel).

Der scharfe Geschmack wird durch den Gehalt an Allyl-Senföl bestimmt. Er ist zwar sortentypisch verschieden, kann aber durch Chloride gemindert und durch Sulfate gesteigert werden. Scharfer Geschmack ist mit guter Haltbarkeit und fader Geschmack mit schlechter Haltbarkeit korreliert; eine genetische Koppelung dieser Eigenschaften liegt aber wahrscheinlich nicht vor.

Die Festigkeit der Radies kann in der Weise geprüft werden, daß die Knolle mit einem Stöpsel durchstoßen und an dieser Probe die Festigkeit bzw. Pelzigkeit beurteilt wird. Die Knollen gehen auf diese Weise einer eventuellen Vermehrung nicht verloren (Becker u. Vogel). Eine andere Prüfungsmethode besteht in der Bestimmung des spezifischen Gewichts, indem verschiedene Lösungen durch Zusatz von Alkohol in Wasser hergestellt werden (v. Sengbusch).

Wenn sich auch beim Radies und Rettich genetische Variationen und Modifikationen weitgehend überschneiden und so die Arbeit des Züchters ganz erheblich erschweren, so machen sie aber keineswegs eine intensiv züchterische Arbeit nutzlos oder gar überflüssig. Es ist auch heute noch eine dankbare Aufgabe, einige der bestehenden Sorten in ihrer Sortenreinheit und vor allem in qualitativer Hinsicht durch eine breit angelegte Individualauslese mit Nachkommenschaftsprüfung unter gleichzeitiger Regulierung der Fremdbefruchtung zu verbessern. Es ist nur notwendig, daß die Versuche unter möglichst einheitlichen Umweltbedingungen und in mehrfachen Wiederholungen durchgeführt werden, wobei die Zahl der Wiederholungen wichtiger ist als die Größe der einzelnen Versuchsparzelle. Die Regulierung der Fremdbefruchtung ist insofern einfach durchzuführen, als die Auslese der wirtschaftlich genutzten Eigenschaften vor der Blüte erfolgt. Es werden daher nur Stämme mit bekannten Wertmerkmalen gepflanzt, die sich untereinander bestäuben können. Der Pollen minderwertiger Stämme kommt durch rechtzeitige Entfernung der entsprechenden Stämme nicht zur Befruchtung.

Das in Abb. 9 dargestellte Zuchtschema ist für Radies und Treibrettich vorgesehen, die im Jahre ihrer Prüfung gleichzeitig auch zur Samenerzeugung kommen. Die A-Stammprüfung wird ohne Wiederholungen durchgeführt, falls nicht genügend Saatgut zur Verfügung steht. Bewegt sich der Züchtungszyklus erst einmal in einem ordnungsmäßigen Turnus, dann kann man bei Treibsorten im Herbst desselben Jahres, in dem man die Einzelpflanzen geerntet hat, bereits eine Vorprüfung der A-Stämme durchführen und dadurch auffallend schlechte Stämme von der Weiterzucht ausschalten. Im Frühjahr des folgenden Jahres werden die verbliebenen Stämme gleich auf breiterer Basis geprüft. Werden die Samenträger sorgfältig kultiviert und vor allem gegen Vogelfraß geschützt, dann erntet man von der Einzelpflanze so viel Saatgut, daß hiervon sowohl eine A-Stamm-Vorprüfung im Herbst als auch eine A-Stamm-Hauptprüfung mit mehreren Wiederholungen durchgeführt werden kann.

Die Isolierung der A-Stamm-Samenträger erfolgt am besten durch Kultur in Isolierkabinen eines Gewächshauses, da im Freiland bei räumlicher Isolierung kleine Parzellen

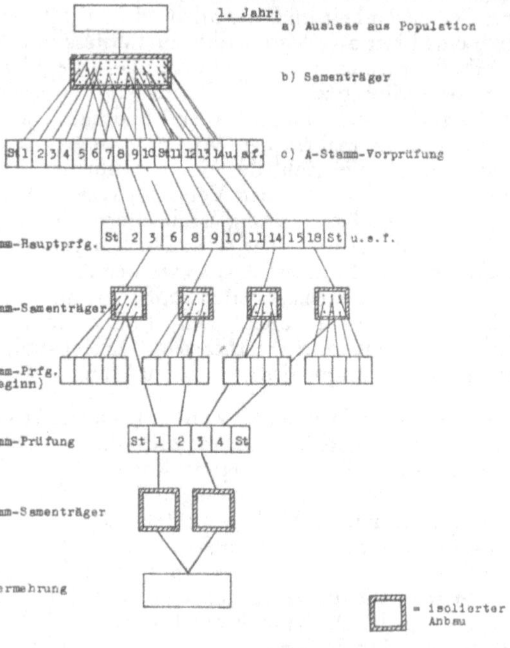

Abb. 9. Schema der Individualauslese mit Nachkommenschaftsprüfung bei Radies

besonders stark der Schädigung durch Vögel ausgesetzt sind. Bei einer Samenvermehrung im Freiland kann in Anbetracht der frühen Blüte von Radies und Rettich die Isolierung der einzelnen Samenträgerstämme in einem Roggenfeld vorgenommen werden, wobei ein gegenseitiger Abstand der Stämme von etwa 50 m genügen dürfte. Bei Verwendung von Isolierkabinen sind kleine Bienenvölker für die Befruchtung mit Vorteil zu verwenden.

Aus den besten A-Stamm-Samenträgern sind einige Pflanzen getrennt zu ernten, mit deren Nachkommenschaftsprüfung der Züchtungszyklus wieder von vorne beginnt. Die restlichen Pflanzen jedes A-Stammes werden zusammen geerntet und für die B-Stammprüfung mit Wiederholungen verwendet. Bleibt von dieser Prüfung noch Saatgut übrig, so soll auch dieses stammweise getrennt, als Vermehrung ausgesät werden, damit von den besten Stämmen genügend Material für die Samenproduktion vorhanden ist.

Wird ein A-Stamm oder B-Stamm zur Samenvermehrung bestimmt, so werden nicht alle Pflanzen des Stammes als Samenträger verwendet, sondern es werden nur die besten unter ihnen ausgelesen, da eine Homozygotie bei Anwendung des vorliegenden Zuchtschemas kaum zu erwarten ist.

Die B-Stamm-Samenträger können infolge ihres großen Flächenbedarfs nur räumlich in der Feldmark isoliert werden. Das Erntesaatgut aller B-Stamm-Samenträger wird dann zusammengelegt und aus ihm durch drillmäßige Vermehrung das Verkaufssaatgut erzeugt. Bei dieser Vermehrung erfolgt wieder eine Bestandeskreuzung, die nur erwünscht sein kann, da bei langjähriger Fortsetzung dieses Zuchtschemas eine Inzucht durch ständige Geschwisterpaarung betrieben wird, die zwar mit Sicherheit zur weitgehenden Homozygotie führt, aber auch gleichzeitig eine Inzuchtschwächung zur Folge haben kann. Eine etwaige Inzuchtdepression kann durch eine Bestandeskreuzung wieder kompensiert werden, wenn eine nicht zu geringe Anzahl von Stämmen (etwa 10) hierfür verwendet wird.

Reicht die Gesamternte der B-Stamm-Samenträger zur Erzeugung des Handelssaatgutes nicht aus, so müssen die B-Stämme noch einmal isoliert vermehrt werden. Dann empfiehlt es sich aber, den Aufwuchs der nun folgenden C-Stämme einer Massenauslese zu unterziehen. Die C-Samenträgerstämme müssen aber ebenfalls — wie die B-Stämme — isoliert angebaut werden; nach der Ernte werden sie zur Erzeugung des Handelssaatgutes vereinigt. Dieser Aufwuchs braucht keiner positiven Massenauslese unterzogen zu werden, sondern nur einer Kontrolle auf Verunreinigungen und natürliche Bastardierungen: Radies × Rettich oder Radies bzw. Rettich × Hederich. Die Bestände sind stets rein von Hederich zu halten. —

Es muß auf alle Fälle vermieden werden, das Handelssaatgut noch einmal zu vermehren; es stellt eine F_1-Generation dar, die mit großer Wahrscheinlichkeit in den folgenden Generationen in der Gesamtleistung und ihrer Einheitlichkeit wieder abfällt. Ein weiterer Weg, zu ausgeglichenen Stämmen zu gelangen, liegt in der Durchführung von Selbstbestäubungen. Die hierbei auftretenden Schwierigkeiten infolge starker Selbststerilität können dadurch umgangen werden, daß die Blüten im Knospenstadium oder im Winter (Temperatur 10—20° C) bestäubt werden. Für die Isolierung werden Leinbeutel oder Pergamintüten verwandt. Die Inzuchtdepression ist durchschnittlich sehr groß, aber unterschiedlich. Es ist möglich, auch leistungsstarke Inzuchtstämme beim Radies zu gewinnen (Keppler). Kreuzungen solcher Inzuchtlinien untereinander ergeben nach Keppler einen höheren Heterosiseffekt als Kreuzungen zwischen zwei leistungsschwachen oder einer leistungsschwachen mit einer leistungsstarken Linie.

Zur Schaffung neuer Sorten bedient man sich vornehmlich der Kombinationszüchtung. Als Ausgangsmaterial sollten inzuchtfeste Linien verschiedener Sorten bevorzugt verwandt werden, die eine weitgehend einheitliche F_1 ergeben. In der F_2 führt man zweckmäßigerweise zuerst eine Massenauslese durch, bildet aus dieser eine oder mehrere Bestäubungsgruppen, die man isoliert vermehrt und in denen man auch eine Massenauslese einige Generationen lang fortführen kann, bevor mit der Auslese und Nachkommenschaftsprüfung von Einzelpflanzen begonnen wird.

Schnell zum Ziel führen auch wiederholte Rückkreuzungen, die kreuzungstechnisch keine Schwierigkeiten bereiten. Die Rückkreuzungsmethode wird man besonders dann benutzen, wenn nur eine einzige Eigenschaft von einer Sorte in die andere übertragen werden soll.

Die große Variationsbreite der asiatischen Rettichformen stellt ein weiteres Reservoir von Erbanlagen dar, die vielleicht einmal in der Zukunft züchterisch mit Erfolg genutzt werden können.

In der Erzeugung autopolyploider Formen liegen nach den bisherigen Erfahrungen (Becker und Vogel, v. Sengbusch, Mundler und Schwanitz) ebenfalls erfolgversprechende Möglichkeiten zur Leistungssteigerung von Radies und Rettich.

3. Züchtung von Spinat

Auch beim Spinat ist die Regulierung der Fremdbefruchtung recht einfach durchzuführen, da seine wirtschaftliche Nutzung vor der Blüte erfolgt und somit alle unerwünschten Genotypen vor der Blüte entfernt werden können. Der Spinat ist eine diözische Art. In den meisten Sorten sind männliche und weibliche Pflanzen zu etwa gleichen Teilen vertreten. Die Pollenübertragung erfolgt durch den Wind.

Die züchterische Verbesserung einer Population oder auch Sorte kann nach folgendem Schema durchgeführt werden (s. Abb. 10).

Im ersten Jahr werden aus einem Feldbestand etwa 100 bis 150 Pflanzen ausgelesen und in einen isolierten Zuchtgarten verpflanzt, um sie vor unerwünschter Fremdbefruchtung zu schützen. Es wird hier also erstmalig eine Regulierung der Fremdbefruchtung durchgeführt. Zur Reifezeit werden die weiblichen Pflanzen einzeln geerntet, um im folgenden Jahr ihre Nachkommenschaften als A-Stämme (= Familien) zu prüfen. Die A-Stammprüfung wird in etwa 5 m² großen Parzellen ohne Wiederholung, aber mit Einschaltung von Standardparzellen, vorgenommen. Die Samen werden in Abständen von etwa 30 × 10 cm gedippelt und später vereinzelt (5 Reihen à 3 m). Die Beurteilung der A-Stämme erfolgt nach dem Augenschein im Vergleich zu den benachbarten Standardparzellen. Nachdem die besten Stämme festgestellt worden sind, werden die restlichen und die Standards vor der Blüte beseitigt, so daß

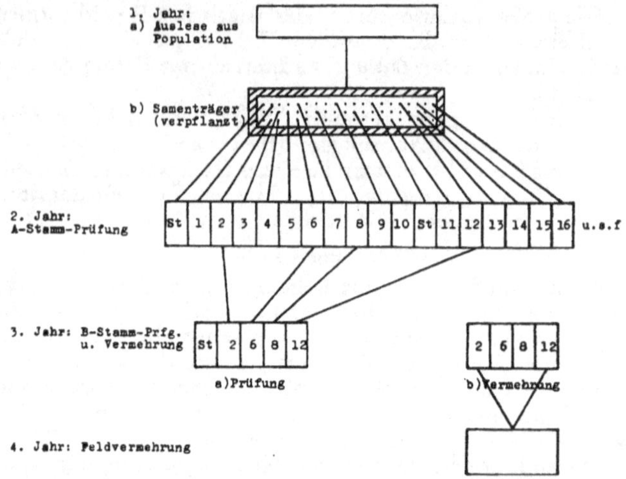

Abb. 10. Schema der Individualauslese mit Nachkommenschaftsprüfung bei Spinat

sich nur überdurchschnittliche Stämme untereinander befruchten können. Hiermit erfolgt auch im zweiten Jahr des Züchtungszyklus eine Regulierung der Fremdbefruchtung.

Im dritten Jahr werden diese getrennt geernteten Stämme in der B-Stammprüfung einer Leistungsprüfung unterzogen, die in 12—15 m² großen Parzellen mit etwa vier Wiederholungen durchgeführt wird. Außerdem ist von jedem Prüfungsstamm eine Parzelle zur Samengewinnung anzulegen. Auf Grund der Ergebnisse der Leistungsprüfung werden unter den Vermehrungsparzellen die unbrauchbaren vor der Blüte ausgeschieden, so daß sich nur die überdurchschnittlichen Stämme untereinander befruchten können; es erfolgt hier also die dritte Regulierung der Fremdbefruchtung im Verlaufe des Züchtungsganges.

Handelt es sich nur um die Verbesserung einer bestehenden Sorte, so kann aus der Vereinigung der besten B-Stämme bereits das erste Vermehrungssaatgut gewonnen werden. Bei einer Neuzüchtung wird man noch weitere Leistungsprüfungen unter verschiedenen Umweltbedingungen durchführen, um zu einem sicheren und durchschlagenden Züchtungserfolg zu gelangen.

Um eine Spinatsorte auf der Höhe ihrer Leistungsfähigkeit zu halten, ist es notwendig, sie einer dauernden Selektion zu unterziehen, d. h. es müssen immer wieder neue Einzelpflanzen aus den A- oder B-Stämmen als Ausgangsmaterial für den eben beschriebenen Züchtungszyklus ausgelesen werden.

Männliche und weibliche Pflanzen sind in ihrem Habitus und in ihrem Entwicklungsverlauf und damit auch in ihrer wirtschaftlichen Nutzung voneinander verschieden.

Der Blütensproß der weiblichen Pflanzen ist mehr oder weniger gedrungen und bis zur Spitze belaubt; in den Blattachseln sitzen die ungestielten weiblichen Blüten knäuelartig zusammengedrängt. Der Blütensproß der männlichen Pflanzen bildet eine lockere und unbelaubte Scheinähre, an der in Knäulen gestielte Blüten sitzen (s. Abb. 11). Die Männchen bilden den Blütenstand früher als die Weibchen aus, so daß die Weibchen etwa zehn Tage länger schnittfähig als die Männchen bleiben. Mit dem Beginn der Blüte nimmt die Oxalsäure in den Blättern zu, die die weitere Nutzung der Pflanzen als Gemüse beeinträchtigt.

Die Vererbung des Geschlechts erfolgt nach dem Schema einer monohybriden Rückkreuzung vom Typus Aa x aa, wie es auch bei Melandrium, Hanf, Drosophila und anderen Organismen bekannt ist, die sich durch ein ungleiches (= heteromorphes) XY-Chromosomenpaar auszeichnen. Die Weibchen sind homogametisch, sie besitzen 2 X-Chromosomen, die Männchen dagegen heterogametisch, sie besitzen ein X- und ein Y-Chromosom. Auch beim Spinat erweist sich in den Zuchtversuchen das männliche Geschlecht als das heterogametische; ein heteromorphes XY-Chromosomenpaar ist aber erst kürzlich von Zoschke identifiziert worden. Aus Kreuzung von XX-Weibchen mit XY-Männchen entstehen somit stets wieder Männchen und Weibchen im gleichen Zahlenverhältnis, wie es auch tatsächlich bei den meisten Spinatsorten gefunden wird.

Abb. 11. Geschlechtstypen beim Spinat (umgezeichnet nach ZOSCHKE, 1956)

a) normales Männchen — männlicher Wuchstyp
b) feminisiertes Männchen
c) feminisierter Monözist
d) Blütenstände eines normalen Weibchens
} weiblicher Wuchstyp

Neben diesen beiden Geschlechtstypen treten häufig monözische Formen auf, wenn auch in einer sehr unterschiedlichen Häufigkeit in den einzelnen Sorten. Die Monözisten sind ausgezeichnet durch den Besitz von männlichen und weiblichen Blüten an einer Pflanze, wobei das Verhältnis beider Blüten recht verschieden sein kann. Die Monözisten sind vom weiblichen Wuchstyp, sie werden daher als feminisierte Geschlechtstypen bezeichnet (s. Abb. 11). Der Anteil männlicher Blüten bei diesen Monözisten kann sehr verschieden sein; im extremsten Falle werden überhaupt keine weiblichen Blüten gebildet; es entstehen dann feminisierte Männchen, die nicht selten gefunden werden. Es gibt also bezüglich der Geschlechtsausbildung und des Wuchstyps eine fließende Reihe von den reinen Weibchen mit weiblichem Wuchstyp über die feminisierten Monözisten zu den feminisierten Männchen; an diese schließen sich dann die reinen Männchen mit männlichem Wuchstyp an. Maskulinisierte Weibchen, d. h. Pflanzen von männlichem Wuchstyp mit nur weiblichen Blüten kommen nur sehr selten vor.

Über die Genetik dieser geschlechtlichen Zwischenstufen sind in jüngster Zeit von verschiedenen Seiten Untersuchungen durchgeführt worden (Bemis und Wilson, Janick und Stevenson, Zoschke). Die Ergebnisse und vor allem die Interpretation der Ergebnisse sind recht verschieden. Den experimentellen Befunden wird man wohl am besten durch die Annahme einer polygenen Bedingtheit der Geschlechtsausbildung gerecht. Geschlechtsbestimmende Gene für weibliche und männliche Blüten sind über die Autosomen und Geschlechtschromosomen verteilt, so daß jede Pflanze grundsätzlich eine bisexuelle Potenz hat. Den Genen im X- und Y-Chromosom kommt eine geschlechtsentscheidende Wirkung zu, indem diese darüber bestimmen, ob die Entwicklung zu einem Männchen oder zu einem Weibchen führt, wobei die entgegengesetzte Geschlechtstendenz unterdrückt wird. Da zwischen X und Y kein Genaustausch stattfindet, bleibt dieser sogenannte „Weichenstellermechanismus" des XY-Chromosomenpaares in seiner Wirkung auf die Geschlechtsbestimmung konstant, so daß die Bildung beider Geschlechter in gleicher Häufigkeit gewährleistet wird.

Wird das Gleichgewicht in der Wirkung der geschlechtsbestimmenden und geschlechtsentscheidenden Gene durch Mutation gestört, so kommt es zur Ausbildung von Pflanzen mit beiden Geschlechtern, wobei der XY-Mechanismus völlig ausgeschaltet werden kann. Diese Monözisten können vom XX- und XY-Typ sein. Auch das Vorkommen von XY-Weibchen ist von Zoschke wahrscheinlich gemacht worden.

Vom züchterischen Standpunkt aus betrachtet ist das Auftreten von Monözisten und ihre genetische Konstitution von großem Interesse. Es besteht die Möglichkeit, durch Nutzung der Monözisten männchenfreie oder gleichzeitig schossende Spinatsorten zu züchten und damit die Nutzungsdauer des Spinats zu verlängern. Bei den Monözisten kann durch verschiedene Aussaatzeiten das Verhältnis männlicher und weiblicher Blüten verschoben werden. Bei langen Tagen tritt eine Zunahme der männlichen Blüten ein; doch ist die Stärke der Reaktion sortentypisch verschieden. Auch das Ausgeizen von Weibchen wirkt auf das Austreiben männlicher Blüten.

Tabelle 3

Entwicklung einer monözischen Spinatsorte aus einer diözischen

(verändert nach ZOSCHKE, 1956)

Jahr	Geschlechtstypen in %				abs. Zahl der Pflanzen
	♂	feminisierte ♂	feminisierte Monözisten	♀	n
1947*	47,4	0,0	1,5	50,9	1 054
1948	52,9	2,9	15,4	28,9	3 370
1949	1,5	1,0	69,6	27,9	3 110
1950	0,9	2,8	79,7	16,6	3 429
1951	1,4	0,1	53,8	44,9	7 585
1952	9,5	1,2	80,7	8,6	22 167
1953	0,4	0,7	88,4	10,5	48 618

*Ausgangspopulation

Bei der Züchtung männchenfreier Sorten geht man in der Weise vor, daß man in einem Bestand mit Beginn der Blüte nach monözischen Pflanzen sucht. Befinden sich an den aufgefundenen Monözisten noch unaufgeblühte Nebentriebe, so können diese durch Isolierung mit Pergamintüten geselbstet werden. Das Saatgut der ausgelesenen und frei abgeblühten Monözisten kann für weitere Massenauslesen zusammengeworfen werden, oder es kann für individuelle Nachkommenschaftsprüfungen verwandt werden. In jedem Falle sind die Nachkommenschaften isoliert von Samenbeständen diözischer Sorten anzubauen. Da die Mehrzahl der von den Monözisten geernteten Samen aus Bestäubung mit normalen Männchen hervorgegangen sein dürfte, werden auch wieder reine Männchen auftreten. Diese sind vor dem Aufblühen zu entfernen, so daß nur Weibchen und Monözisten im Bestand zurückbleiben und die Monözisten sich sowohl untereinander als auch die Weibchen bestäuben können. Wird eine derartige Auslese mehrere Jahre fortgesetzt, so ist es möglich, eine Sorte zu erhalten, die überwiegend aus Monözisten besteht. In den Versuchen von Z o s c h k e (s. Tabelle 3) ist nach sechsjähriger Selektion aus einer diözischen Sorte eine Sorte entstanden, in der 88,4 % feminisierte Monözisten und 10,5 % reine Weibchen enthalten sind. Der Anteil der reinen Männchen beträgt nur 0,4 %; hinzu kommen noch 0,7 % feminisierte Männchen.

Was die Leistungsfähigkeit der monözischen Neuzüchtungen im Vergleich zu den diözischen betrifft, so sind die in Tabelle 4 wiedergegebenen Versuche von Z o s c h k e sehr aufschlußreich. Erfolgt die Ernte der Grünmasse gleichzeitig mit den Blühbeginn der diözischen Sorte, so ist die Sorte „Gaudry“, die als Ausgangspopulation diente, den monözischen Neuzüchtungen überlegen. Wurde aber der für die monözischen Stämme günstigste Schnittermin gewählt, so erwiesen sich die monözischen Sorten als überlegen. Interessant ist, daß die verschiedenen monözischen Stämme eine unterschiedliche Leistung zeigen. Mit der Schaffung monözischer Stämme ist zunächst nur eine Verlängerung der Schnittzeit um 5—10 Tage erreicht; danach bedarf es weiterer züchterischer Arbeiten, um die Leistungsfähigkeit der monözischen Form hinsichtlich Ertrag, Winterfestigkeit, Zeitpunkt der Schnittreife, Gehalt an Nährstoffen, Eignung für Gefrierkonservierung u. a. zu verbessern.

Tabelle 4

Vergleich der Erträge diözischer und monözischer Spinatsorten nach Herbst- und Frühjahrsaussaat

– im dreijährigen Durchschnitt – (verändert nach ZOSCHKE, 1956)

Frühjahrsaussaat	Gaudry (diöz.) Ertrag dz/ha	rel.	Matador (diöz.) Ertrag dz/ha	rel.	Universal (diöz.) Ertrag dz/ha	rel.	Gleichz. schossend (monöz.) Ertrag dz/ha	rel.
1. Schnitt (zum optimalen Erntetermin der diözischen Sorten)	105,56	100,0	78,46	74,3	86,91	82,3	82,17	77,8
2. Schnitt (zum optimalen Erntetermin der monözischen Sorten)	105,56	100,0	78,46	74,3	86,91	82,3	<u>169,39</u>	<u>160,5</u>

Herbstaussaat	Gaudry (diöz.) Ertrag dz/ha	rel.	Matador (diöz.) Ertrag dz/ha	rel.	Universal (diöz.) Ertrag dz/ha	rel.	Fortschritt (monöz.) Ertrag dz/ha	rel.	Gleichz. schossend (monöz.) Ertrag dz/ha	rel.
1. Schnitt (zum optimalen Erntetermin der diözischen Sorten)	128,58	100,0	128,52	99,9	132,54	103,1	102,92	80,0	124,15	96,6
2. Schnitt (zum optimalen Erntetermin der monözischen Sorten)	128,58	100,0	128,52	99,9	132,54	103,1	<u>165,97</u>	<u>129,1</u>	<u>190,40</u>	<u>148,1</u>

Hierzu wird man sich einfacher Auslesen, Kreuzungen und der Inzucht bedienen. Inzuchtdepressionen nach Selbstungen von Monözisten wurden bisher noch nicht beobachtet. Die Möglichkeit mit Hilfe von geselbsteten Monözisten homozygote I-Stämme aufzubauen, legt die Schaffung von Heterosissorten nahe. Hierbei wird es zweckmäßig sein, als Vatersorte eine diözische Sorte und als Muttersorte eine monözische zu verwenden. Bei Pollenüberschuß der Vatersorte dürften auch die Monözisten der Muttersorte überwiegend durch den fremden Pollen bestäubt werden.

Auch die Erzeugung von polyploiden Sorten und ihre Verwendung in der Erzeugung von Heterosissorten, u. U. von triploiden Sorten, dürfte für die Spinatzüchtung nicht ohne Bedeutung sein.

4. Züchtung von Spargel

Ebenso wie in der Spinatzüchtung hat auch in der Spargelzüchtung die Frage der Geschlechtsbestimmung und -vererbung eine große praktische Bedeutung. Sind beim Spinat die männlichen Pflanzen wegen ihres frühzeitigen Aufschießens die wirtschaftlich weniger wertvollen, so liegen die Verhältnisse beim Spargel gerade umgekehrt: Hier sind die Männchen die wirtschaftlich wertvolleren, da sie einen um etwa 25 % höheren Ertrag ergeben, außerdem sind sie frühreifer und langlebiger als die Weibchen. Die Stangen der Männchen sind zwar dünner, aber dafür zahlreicher, so daß der Gesamtertrag höher ist.

Da auch beim Spargel die Vererbung nach dem XY-Mechanismus erfolgt, sind normalerweise in jeder Population 50 % XX-Weibchen und 50 % XY-Männchen vertreten. Eine Verschiebung dieses Geschlechtsverhältnisses erreicht man durch folgende Experimente: Unter den männlichen Pflanzen einer Spargelplantage wird nach sogenannten Hermaphroditen oder Andromonözisten gesucht, das sind Pflanzen, die neben überwiegend männlichen Blüten einige zwittrige Blüten enthalten (s. Abb. 12). Da diese hermaphroditen Männchen ebenso wie die reinen Männchen von der Konstitution XY sind, tritt nach Selbstung der zwittrigen Blüten in ihrer Nachkommenschaft eine Aufspaltung in 1 XX : 2 XY : 1 YY ein, d. h. in 1 Weibchen : 3 Männ-

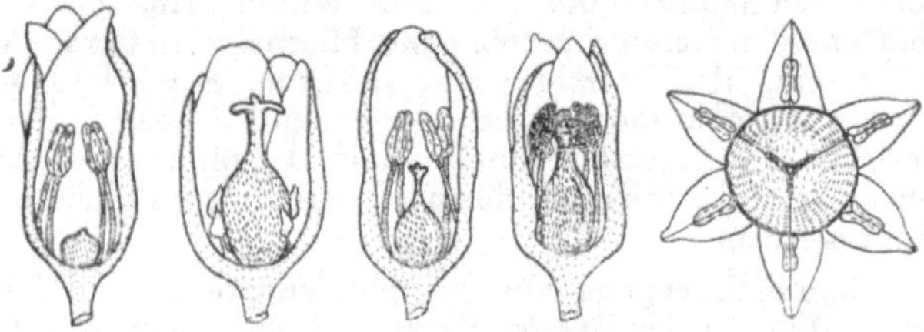

a b c d e

Abb. 12. Blütenformen beim Spargel (umgezeichnet nach SNEEP, 1953)

a) normale männliche Blüte mit rudimentärem Fruchtknoten
b) normale weibliche Blüte mit rudimentären Staubgefäßen
c) androgyne Blüte im frühen Stadium mit voll entwickelten Staubgefäßen; Griffel und Narben noch nicht voll entwickelt
d) androgyne Blüte im Stadium der Befruchtung
e) androgyne Blüte nach der Befruchtung

chen. Die Männchen sind von zweierlei Konstitution: XY und YY; phaenotypisch sind sie nicht voneinander zu unterscheiden. Für die weiteren Zuchtexperimente ist das Herausfinden der YY-Männchen notwendig. Sind z. B. in der Nachkommenschaft eines Hermaphroditen 12 Männchen herausgespalten, so sind unter ihnen 8 XY- und 4 YY-Männchen zu erwarten. Diese 12 Männchen werden nun mit reinen Weibchen gekreuzt und die Nachkommenschaft dieser Kreuzungen analysiert. Hinsichtlich des zahlenmäßigen Auftretens von Männchen und Weibchen ist bei diesen 12 Nachkommenschaften ein unterschiedliches Verhalten zu erwarten: Die eine Gruppe wird das normale Geschlechtsverhältnis von 1 : 1 aufweisen, sie ist aus der Kreuzung von XX und XY hervorgegangen. Die andere Gruppe besteht nur aus Männchen; sie beweist damit, daß sie aus der Kreuzung von XX-Weibchen × YY-Männchen hervorgegangen ist. Die nach Kreuzung von XX-Weibchen mit XY-Männchen auftretende Spaltung zeigt häufig rein zufällige Abweichungen vom erwarteten 1 : 1-Verhältnis. Bei einer geringen Individuenzahl in den Nachkommenschaften können daher auch einmal nur Männchen auftreten, so daß dann nicht sicher entschieden werden kann, ob die Vaterpflanze tatsächlich von der Konstitution YY gewesen ist. So sind z. B. bei einer Nachkommenschaftsgröße von n = 6 folgende Spaltungsverhältnisse möglich: 0 : 6, 1 : 5, 2 : 4, 3 : 3, 4 : 2, 5 : 1, 6 : 0. Die Wahrscheinlichkeit des Auftretens einer 0 : n-Spaltung, nach Kreuzung von XX × XY läßt sich nach der Formel $(1/2)^n$ errechnen. So erwartet man z. B. bei einer Nachkommenschaftsgröße von n = 6 Individuen 0 : 6 Spaltungen mit der Häufigkeit $(1/2)^n = 1/64 = 1{,}56\,\%$. Bei n = 8 ist die Wahrscheinlichkeit für eine 0 : 8-Spaltung nur noch 0,39 %. Will man also in seinen Testkreuzungen Fehlbestimmungen der genetischen Konstitution des männlichen Elters weitgehend vermeiden, so ziehe man seine Schlüsse aus Nachkommenschaften der Testkreuzungen, die mindestens 8 Individuen haben. Dann ist die Sicherheit einer richtigen Bestimmung 99,61 %.

Mit der Auffindung der YY-Männchen ist die Möglichkeit gegeben, eine rein männliche Sorte zu schaffen, indem man nur diese Männchen mit Weibchen zusammen abblühen läßt. Der Spargelanbauer erhält eine ertragreichere Sorte; ein Nachbau der Sorte ist nicht möglich.

Die wissenschaftliche Grundlage für die Züchtung rein männlicher Sorten wurde 1940 zuerst von Kappert entwickelt. Später wurde das gleiche Zuchtverfahren von Rick und Hanna in Amerika entwickelt und von Sneep in Wageningen weiter ausgebaut.

Nach den bisherigen Erfahrungen beträgt der Anteil von Andromonözisten in den Pflanzungen 0—2 % der männlichen Pflanzen. Die Zahl der auf den Andromonözisten gebildeten Beeren schwankt zwischen 1 und 10; kann aber auch einige hundert betragen. Das Suchen nach Andromonözisten erfolgt am besten, wenn die Blüten zu welken beginnen. Während in diesem Stadium die Blüten der reinen Männchen bräunlich-weiß werden, und eine dünne Röhre bilden, haben die zwittrigen (= androgynen) Blüten der Andromonözisten einen geschwollenen Fruchtknoten. Diese Blüten heben sich sehr gut von den rein männlichen Blüten der Andromonözisten und reinen Männchen ab.

In den holländischen Versuchen ergab die Nachkommenschaft von 11 Andromonözisten folgende Aufspaltung:

56 Weibchen : 160 Männchen + 18 Andromonözisten, also eine klare 3 : 1-Spaltung.

Die 160 Männchen wurden nun mit Weibchen gekreuzt, um aus der Aufspaltung ihrer Nachkommenschaft die genetische Konstitution der Männchen zu erschließen, ob XY oder YY. Um die Ergebnisse dieser Aufspaltungen zu beschleunigen, wurde jeder Samen in einen 8-cm-Topf ausgelegt; die Pflanzen wurden bei 25—30° C im Gewächshaus gehalten, wobei ein zweimaliges Umtopfen in Töpfe mit 14,5 cm Durchmesser bzw. 27—29 cm Durchmesser erfolgte. Bei dieser Kultur war es möglich, schon nach zwei bis drei Monaten die ersten blühenden Pflanzen zu erhalten. — Unter 150 geprüften Männchen erwiesen sich 96 von der Konstitution XY und 54 von YY.

Diese 54 YY-Männchen wurden in einen isolierten Garten gepflanzt zusammen mit ausgesuchten Weibchen im Verhältnis 7 ♀♀ : 1 ♂♂. Das hier erzeugte Saatgut läßt einen Bestand von reinen Männchen entstehen, wie aus der Kreuzung XX × YY = XY zu erwarten ist.

Hinsichtlich der Erzeugung einer rein männlichen Sorte ist die Zuchtaufgabe zwar gelöst, es bestehen aber noch weitere züchterische Möglichkeiten zur Verbesserung dieser rein männlichen Sorte:

1. durch Auslese unter den YY-Männchen hinsichtlich ihrer Leistungsgene;
2. durch Auslese von Weibchen, die sich in ihrer genetischen Konstitution bezüglich wirtschaftlich wichtiger Eigenschaften unterscheiden;
3. durch Testkreuzungen verschiedener Weibchen mit verschiedenen YY-Männchen zur Feststellung der Geno-

typen mit der besten Kreuzungseignung, d. h. derjenigen, die den höchsten Heterosiseffekt ergeben.

ad 1: Die Auslese unter XY-Männchen erfolgt in der Weise, daß alle YY-Männchen mit *einem* Weibchen gekreuzt werden. Unterschiede in ihren Nachkommenschaften sind dann bedingt durch die genetische Konstitution der Männchen. Die besten Männchen werden vegetativ vermehrt.

ad 2: Zur Auslese leistungsfähiger Weibchen sind dieselben mit *einem* Männchen zu kreuzen. Unterschiede in ihren Nachkommenschaften sind auf Unterschiede der genetischen Konstitution der Weibchen zurückzuführen.

Aber auch mit der Auslese leistungsstarker Weibchen und Männchen, die für die Erzeugung rein männlicher Sorten benötigt werden, sind die züchterischen Möglichkeiten noch nicht erschöpft. Um Weibchen und Männchen zu züchten, die weitgehend homozygot in den Leistungsgenen sind, kann man sich der Inzucht bedienen. Bei Benutzung homozygoter ingezüchteter Männchen und Weibchen ist nicht nur eine sehr einheitliche F_1 als rein männliche Sorte zu erwarten, sondern auch ein höherer Heterosiseffekt.

Zur Züchtung homozygoter Weibchen bedient man sich andromonözischer Männchen von der Konstitution XY. Aus ihrer Selbstung erhält man die erste I-Generation mit $^1/_4$ XX-Weibchen, $^1/_4$ YY-Männchen und $^2/_4$ XY-Männchen. Es ist zu erwarten, daß sich unter den Männchen auch wieder Andromonözisten befinden, die man durch weitere Selbstung fortpflanzt. Die Nachkommenschaften dieser Selbstungen sind entweder rein männlich, oder sie spalten in $^3/_4$ Männchen : $^1/_4$ Weibchen. Mit den andromonözischen Männchen dieser spaltenden Nachkommenschaften kann dann die Inzucht fortgesetzt werden. Auf diese Weise müssen die herausspaltenden Weibchen weitgehend homozygot werden.

In ganz ähnlicher Weise können homozygote YY-Männchen gezüchtet werden. Hier geht man von den andromonözischen Männchen von der Konstitution YY aus. In ihrer Nachkommenschaft treten nur Männchen und andromonözische Männchen, aber keine Weibchen auf. Durch wiederholte Selbstungen andromonözischer Männchen entstehen homozygote Männchen.

Der weitere Schritt besteht in der Durchführung dialleler Kreuzungen zwischen den durch Inzucht gewonnenen homozygoten Weibchen und Männchen, um festzustellen, welche Paarung den höchsten Heterosiseffekt ergibt. Die Nachkommenschaften dieser Kreuzungen werden stets frei von Weibchen sein; sie können neben reinen Männchen auch andromonözische Männchen enthalten. Da ein zu starker Anteil von Andromonözisten sich nachteilig auf den Ertrag auswirkt, müssen Kombinationen mit einem möglichst geringen Anteil von Andromonözisten ausgelesen werden.

5. Züchtung von Kohl

Die Art Brassica oleracea ist sehr reich an Varietäten, die nach Lamprecht in drei Reihen aufgegliedert werden können (siehe Schema). Alle Varietäten gehen auf eine oder mehrere Wildformen zurück, die keine Köpfe bilden (z. B. Br. silvestris, beheimatet an den Küsten des Atlantischen Ozeans und Mittelmeeres). Die Varietäten auch aus verschiedenen Reihen ergeben fertile Bastarde.

Systematische Einteilung der Kulturformen von Brassica oleracea (nach Lamprecht).

Wildformen von Br. oleracea
var. silvestris
↓
Blätterkohl, Grünkohl
Futterkohl, Palmenkohl

↓	↓	↓
Spargelkohl	Rosenkohl	Marktstammkohl
↓	↓	↓
Brokkoli	Tausendkopfkohl	Kohlrabi
↓	↓	
Blumenkohl	Weißkraut, Rotkraut, Wirsing	

Viele der im Handel befindlichen Sorten lassen hinsichtlich ihrer genetischen Ausgeglichenheit viel zu wünschen übrig, so daß eine Steigerung ihrer Leistungsfähigkeit durch Anwendung wirkungsvoller Zuchtmethoden leicht zu erreichen ist. — Ein wertvolles Ausgangsmaterial für die Züchtung stellen neben den zum Handel zugelassenen Zuchtsorten standortgebundene Lokalsorten mit einem meist sehr begrenzten Verbreitungsgebiet dar. Diese enthalten zuweilen sehr wertvolle Erbanlagen, die nach ihrer Isolierung in der Kombinationszüchtung Verwendung finden können. So fand Gante in einer Weißkohl-Lokalsorte, die im südlichen Bayrischen Wald und Böhmerwald angebaut wird, einen sehr großen Anteil von Kohlhernieresistenten Formen; daneben aber zeichnete sich diese Lokalsorte durch sehr große Unausgeglichenheit und schlechten Geschmack aus. In der Lokalsorte „Bindensachsener Weißkraut“ ist ebenfalls Kohlhernieresistenz stark verbreitet.

Die bisher am meisten angewandte Methode ist die positive Massenauslese, die darin besteht, daß man aus einem großen Feldbestand einige hundert Köpfe, die dem Idealtyp der zu verbessernden Sorte am nächsten kommen, ausliest, in einer Kohlscheune oder in einer Erdmiete überwintert und dann im Frühjahr auspflanzt bei möglichst großer Isolierung von anderen Kohl-Samenträgerbeständen. Zum besseren Austreiben, besonders der Dauerkohlsorten, schneidet man den Kopf mit einem Kreuzschnitt an.

Schwierigkeiten macht die Überwinterung der Frühsorten zur Samengewinnung, die bereits im Juni/Juli fertige Köpfe haben. Man hilft sich meist in der Weise, daß man eine Aussaat im Juni/Juli vornimmt.

Einen Schritt vorwärts in der Kohlzüchtung bedeutet der Übergang von der positiven Massenauslese zur Individualauslese mit Nachkommenschaftsprüfung. Diese Methode vermag zwar in kurzer Zeit eine Sorte einheitlicher zu machen, aber sehr häufig verliert sie dabei an Wüchsigkeit und an Ertragsleistung. Dieses Auftreten von Inzuchterscheinungen ist aber nicht überraschend. Werden aus einem A-Stamm 10—100 Köpfe als Samenträger ausgesucht, so blühen diese Köpfe untereinander ab, d. h. es findet eine Befruchtung unter Halbgeschwistern statt. Wird innerhalb desselben A-Stammes die Individualauslese fortgesetzt, so muß die Sorte infolge ständiger Geschwisterpaarung zunehmend homozygot werden. Diese Homozygotie bedeutet zwar Ausgeglichenheit der Sorte, führt aber beim Kohl zur Inzuchtschwächung, und zwar bei Handelssorten bereits nach zwei Generationen, bei Kreuzungsnachkommenschaften, wo die Ausgangsheterozygotie erheblich größer ist, erst nach vier bis fünf Generationen.

Der Anwendung der Individualauslese, die eine Formentrennung mit Hilfe einer milden Inzucht bedeutet, müssen wieder Kreuzungen folgen, um die Wüchsigkeit der besten Stämme wiederherzustellen, d. h. es müssen die Methoden der Inzucht-Heterosiszüchtung, angepaßt an die Fortpflanzungsbiologie des Kohls, angewandt werden. Wenn auch diese Methoden beim Kohl noch nicht zum praktischen Einsatz gekommen sind, so lassen sich doch einige Zuchtschemata auf Grund der Erfahrungen bei anderen Kulturpflanzen und genetischer Erwägungen in Vorschlag bringen. Hierbei sei zunächst an die Polycross-Methode, die in Band 1134 beschrieben worden ist, gedacht.

Die Voraussetzung zur Anwendung dieser Methode ist die vegetative Vermehrbarkeit der betreffenden Art. Diese Möglichkeit ist beim Kohl gegeben, besonders bei frühen Sorten. Nach Entfernung des Kohlkopfes treibt der Kohlstrunk im selben Jahr aus den Seitenknospen heraus. Diese Triebe können abgeschnitten und im Frühbeet oder im Gewächshaus zur Bewurzelung gebracht werden. Auch überwinterte Samenträger können nach ihrem Austreiben und späterer Dekapitierung zur Bildung von Seitensprossen veranlaßt werden, die dann zur vegetativen Vermehrung benutzt werden können. Auch Blattstecklinge lassen sich zur Bewurzelung bringen. Auf diese Weise können Inzuchtstämme während der Prüfung ihrer Leistungsfähigkeit vegetativ vermehrt werden, so daß nach einer Leistungsprüfung die besten Stämme in einem großen Polycross zur Erzeugung des Handelssaatgutes zusammengepflanzt werden können.

Wie werden nun die Inzuchtstämme, die für ein Polycross vegetativ zu vermehren sind, gewonnen und wie wird ihre genetische Eignung für ein Polycross festgestellt?

Inzuchtstämme erhält man entweder durch mehrjährige Individualauslese unter Lenkung der Fremdbefruchtung derart, daß sich nur Halbgeschwister untereinander bestäuben können, oder durch erzwungene Selbstbestäubungen. Samenansatz aus Selbstungen ist aber infolge der Selbststerilität des Kohls nur schwer zu erreichen. Diese Schwierigkeiten lassen sich durch Selbstbestäubungen von Knospen umgehen. Durch Zertationsversuche mit eigenen und fremden Pollen, der durch ein dominantes Gen (Purpurfarbe) gekennzeichnet ist, läßt sich nachweisen, daß im Griffel eine Substanz gebildet wird, deren Konzentration zur Zeit der Anthese — also dann, wenn sich die Blüte bereits geöffnet hat — so stark ist, daß der eigene Pollen im Wachstum gehemmt wird. Zwei bis drei Tage vor der Anthese ist aber die Konzentration des Hemmungsstoffes so gering, daß der eigene Pollen ebensogut wächst wie der fremde. Vier Tage nach der Anthese ist die Konzentration im Griffelgewebe wieder so stark abgesunken, daß Selbstbestäubungen auch dann erfolgreich sind.

Die Generationsfolge bei der Herstellung von Inzuchtlinien kann mit Hilfe von Gewächshauskulturen sehr beschleunigt werden.

Nimmt man die Kohlpflanzen im Herbst aus dem Freiland heraus, so benötigen diese bis zum Übergang in die reproduktive Phase einer Ruheperiode von etwa zwei Monaten bei ca. + 3° C. Im Dezember können sie daher zur weiteren Entwicklung in Töpfe (20 cm Durchmesser) gepflanzt werden; bis zum Durchwurzeln bleiben sie etwa 10 Tage bei 10° C stehen. Hält man sie dann in einer Temperatur von ca. 16° C unter guter Düngung, blühen sie

Ende Januar auf, und im Frühjahr steht Saatgut der neuen Generation zur Verfügung (Myers und Fisher).

Die Prüfung der Klone hinsichtlich ihrer Eignung für ein Polycross geschieht in der Weise, daß eine möglichst große Zahl von Klonen (30—50) in mehrfacher Wiederholung (6—10) in zufallsmäßiger Anordnung zusammengepflanzt werden, wobei je Wiederholung 1—3 Pflanzen genügen. Die Pflanzung wird am besten in einem Isolierhaus vorgenommen, in dem die Bestäubung durch ein Bienenvolk erfolgt. Die Wiederholungen eines jeden Klons werden zusammen geerntet und im folgenden Jahr eine Vergleichsprüfung ihrer Nachkommenschaften durchgeführt. Diejenigen mit der höchsten Leistung werden für ein Polycross zur Erzeugung des Hochzuchtsaatgutes bestimmt. Bis zu diesem Zeitpunkt müssen alle in Prüfung stehenden Klone vegetativ erhalten werden, alsdann werden die für das Polycross bestimmten in einem möglichst großen Umfang vegetativ vermehrt. Die vegetative Vermehrung der Klone wird sich aber nur unter großem Kostenaufwand so stark durchführen lassen, daß das aus dem Polycross gewonnene Saatgut den Bedarf an Hochzucht für den Konsumenten zu decken vermag. Es wird sich aus dem Polycross häufig nur das Elitesaatgut gewinnen lassen, so daß noch eine weitere Vermehrung bis zur Hochzucht notwendig ist. Vom genetischen Standpunkt ist diese Zwischenvermehrung der Polycross-Ernte unerwünscht, da dadurch nicht F_1-Saatgut, sondern F_2-Saatgut in die Hände des Konsumenten gelangt, bei dem bereits wieder ein Teil der Heterosiswirkung verloren gegangen sein kann.

Ein anderer Weg zur Prüfung der Kreuzungseignung der Glieder eines Polycross führt in Analogie zur amerikanischen Hybridmaiszüchtung über Topkreuzungen. Hierzu werden Klone mit je 5—10 Teilen in das Samenträgerfeld einer Zuchtsorte in Abständen von 20—50 m gepflanzt. Sind die Klone selbststeril, so sind die auf ihnen geernteten Samen aus Kreuzungen mit der betreffenden Sorte hervorgegangen. Die Nachkommenschaftsprüfung der Klone gibt zunächst Aufschluß über die allgemeine Kreuzungseignung der Klone (general combining ability), wobei als Maßstab die unterschiedliche Leistungsfähigkeit der Klonnachkommenschaften genommen wird. Auf Grund der Ergebnisse dieser Leistungsprüfung werden die besten Klone für diallele Kreuzungen verwandt, um ihre spezielle Kreuzungseignung festzustellen. Bei 11 Klonen sind also $\frac{11 \times 10}{2} =$ 55 Kombinationen möglich, die ebenfalls einer Leistungsprüfung zu unterziehen sind. Alle Klone, die sich als gute Kombinationseltern erweisen, werden für das Polycross verwandt, aus dem das Hochzuchtsaatgut erzeugt wird. Hierzu müssen sie stark vegetativ vermehrt werden.

Um die kostspielige und zeitraubende, vegetative Vermehrung der Kreuzungsklone zu sparen, kann auch an die Kreuzung von zwei Inzuchtlinien, die einen starken Heterosiseffekt geben, zur Herstellung von Hochzuchtsaatgut gedacht werden. Hierbei ist aber zu bedenken, daß beim Zusammenpflanzen von 2 Samenträger-Stämmen zum Zwecke der Bestandeskreuzung auch Befruchtungen innerhalb eines jeden zur Kreuzung verwandten Stammes stattfinden. Mit Hilfe sogenannter rezessiver Markierungsgene, die sich phaenotypisch in einer veränderten Blattfarbe äußern, lassen sich schon im Sämlingsstadium die aus Bestäubungen innerhalb eines Stammes hervorgehenden Pflanzen von den Bastarden beider Stämme unterscheiden. Chlorophylldefekte Gene lassen sich mit Hilfe von Röntgenstrahlen bei Kulturpflanzen relativ leicht erzeugen. Ihre rezessiven Merkmalsträger zeichnen sich durch hellgrüne oder andersfarbige Laubblätter bereits im jungen Entwicklungsstadium aus. Notwendig ist es, daß beide Inzuchtlinien verschiedene Markierungsgene besitzen; es ist aber belanglos, wenn sie sich phaenotypisch in gleicher Weise manifestieren. Wird nun bei dem einen I-Stamm der Chlorophylldefekt durch aa bewirkt und bei dem anderen durch bb, so ist der Bastard von der Konstitution AaBb; er ist normal grün. Die aaBB-

und AAbb-Genotypen zeigen dagegen Chlorophylldefekte und können somit bereits im Saatbeet ausgemerzt werden, bzw. werden nur die normal grünen Sämlinge, das sind die Bastarde, für die Pflanzung verwandt. — Markierungsgene sind überflüssig, wenn der eine Elter männlich steril ist. Hierzu müssen aber zuvor männlich-sterile Typen gefunden und ihre erbliche Grundlage ermittelt werden, bevor sie in der Heterosiszüchtung beim Kohl verwandt werden können, wie es bereits in der Zwiebelzüchtung mit Erfolg geschieht (s. S. 103).

Für die Inzucht-Heterosiszüchtung bieten auch tetraploide Rassen große Möglichkeiten. Ihre Erzeugung mit Colchicin bietet keine Schwierigkeiten. Kreuzungen von tetraploiden I-Linien haben den Vorteil, daß der Heterosiseffekt der F_1 in den folgenden Generationen nicht so schnell wieder absinkt. Die Heterozygotie bleibt länger erhalten, so daß auch noch die F_2 als Saatgut genutzt werden kann. Bei tetrasomer Spaltung des Bastards AAaa sind 5,5 % der Nachkommen homozygot in dem betreffenden Gen, während bei disomer Spaltung des Bastard Aa bereits 50 % homozygot sind. — Auch die Erzeugung triploider Bastarde dürfte von züchterischem Interesse sein.

Auch in der Kreuzung verschiedenerer Kohlvarietäten untereinander liegen große züchterische Möglichkeiten, die erst zum geringsten Teil genutzt worden sind. So ist z. B. der feste Kopf von „Dr. Neuers Dauerwirsing“ durch die Einkreuzung mit Weißkohl entstanden. Auch die Frühzeitigkeit gewisser Weißkohlsorten läßt sich auf Rotkohl übertragen und damit noch manche Lücke im Sortiment schließen. — Auf die Verwendung bestimmter Genotypen aus Landsorten für die Kombinationszüchtung war bereits hingewiesen worden.

Kreuzungen zwischen Varietäten, die verschiedenen Reihen von Br. oleracea angehören (siehe systematische Übersicht), ergeben zwar erheblich kompliziertere Spaltungen als Kreuzungen von Varietäten derselben Reihe, dürften aber für eine züchterische Nutzung in der Zukunft von großem Interesse sein.

Zu den wichtigsten Zuchtzielen gehört ein hoher Ertrag und eine hohe Ertragssicherheit.

Die Ertrags*sicherheit* wird in erster Linie bestimmt durch das Verhalten gegenüber den vorherrschenden Krankheiten, die in einem Anbaugebiet verbreitet sind, wie z. B. Schwarzbeinigkeit, Naßfäule, Kohlhernie, Mehltau, Schwarzfäule und Welkekrankheit. Auf das Vorkommen resistenter Formen sollten vor allen Dingen Lokalsorten untersucht werden, die bisher wenig durchgezüchtet sind und daher noch eine große genetische Variation besitzen. An die bereits erwähnten Landsorten von Weißkohl sei noch einmal erinnert, die sich durch einen sehr hohen Anteil kohlhernieresistenter Formen auszeichnen. Bezüglich der Welkekrankheit sind aus 3 Sorten: „All Head Early", „Ruhm von Enkhuizen" und „Jersey Wakefield" homozygot resistente Linien isoliert worden.

Auch die Züchtung von Sorten mit einer bestimmten Reifezeit und einer guten Lagerfähigkeit sind vordringliche Aufgaben der Züchtung. Durch eine Verbesserung qualitativer Eigenschaften kann die Marktfähigkeit der Sorten erhöht werden. Hierzu gehört vor allem eine gute Ausgeglichenheit der Sorte, feste und gut sich deckende Köpfe, eine Eigenschaft, die besonders wichtig für die Lagerung der Sorte ist. Eine weitere wichtige Voraussetzung für eine gute Lagerungsfähigkeit ist ein hoher Trockensubstanzgehalt. Hier bestehen nicht nur große Unterschiede zwischen den einzelnen Kohlarten, sondern auch innerhalb derselben, so daß durch Selektion gewünschte Veränderungen erzielt werden könen. Dasselbe trifft auch für den Proteingehalt zu, der in erster Linie genetisch-sortentypisch und weniger umweltbedingt ist.

Die Samenproduktion hat aus ausgewachsenen Köpfen zu erfolgen und nicht aus Stecklingen, wie es früher vielfach der Fall war. Stecklinge sind Pflanzen, die infolge später Aussaat keine Köpfe bilden und sich daher gut überwintern lassen bzw. im Freien über Winter stehen bleiben können. Wird eine Stecklingsvermehrung mehrere Generationen hindurch fortgesetzt, so wird eine vegetative Selektion auf schlechte Kopfbildner getrieben, das sind die Genotypen, die infolge ihres schnellen Durchschießens die besten Samenträger darstellen. Nur bei durchgezüchteten Sorten, die einer ständigen Erhaltungszucht unterliegen, ist es statthaft, die letzte Vermehrungsstufe im Züchtungszyklus, aus der das Hochzuchtsaatgut gewonnen wird, aus Stecklingen zu gewinnen.

Da alle Kohlarten miteinander bastardieren, müssen die einzelnen Sorten in Abständen von etwa 1000 m gepflanzt werden. Bastardierungen von Kohl mit Raps sind selten, so daß hier nur geringe Entfernungen im Samenbau dieser beiden Arten einzuhalten sind. Bastardierungen zwischen Kohl und Rübsen bzw. mit Wasserrüben finden nicht statt.

6. Züchtung von Möhren

Die Möhrensorten kann man hinsichtlich ihrer Nutzung in zwei Gruppen einteilen: In die Speise- und in die Futtermöhren. Während die Futtermöhren nur durch späte Formen, und zwar durch rot-gelbe und weißfleischige vertreten sind, die sich durch hohe Massenerträge auszeichnen, befinden sich unter den Speisemöhren nur rotfleischige Sorten mit unterschiedlichen Reifezeiten und Nutzungseigenschaften. Es gibt sehr frühe Sorten, unter denen sich einige auch zum Treibanbau eignen, mittelfrühe Freilandsorten und schließlich späte Wintermöhren, die sich durch hohe Erträge auszeichnen und für die Lagerung geeignet sind. Bestimmte Sorten, wie z. B. „Pariser Markt", werden für die Naßkonservierung bevorzugt.

Hinsichtlich der Wurzelform werden vier Typen unterschieden:

1. spitz zulaufende Wurzel = Valery Typ; DDNNPP*)
2. stumpf kegelförmige Wurzel = Duvicker Typ; ddNNPP*)
3. walzenförmige Wurzel = Nantaiser Typ; ddnnPP*)
4. rundliche Wurzel = Pariser Typ; ddNNpp*)

*) Genetische Formel nach Frimmel. Der Valery Typ ist über alle drei anderen dominant; der Duvicker Typ über Nantaiser und Pariser; aus Kreuzung von Nantaiser mit Pariser Typ entsteht der Duvicker Typ.

Jede einzelne Sorte ist zwar durch einen bestimmten Wurzeltyp gekennzeichnet, doch zeigen alle Sorten nicht nur in der Wurzelform und Länge, sondern auch in vielen anderen Merkmalen eine mangelnde Reinheit. Diese fehlende Ausgeglichenheit ist in erster Linie genetisch bedingt; auch wenn man die modifikative Beeinflussung der Wurzel durch die Umwelt, besonders durch die Struktur des Bodens, nicht unberücksichtigt lassen darf, wobei sich die Form der Möhre konstanter erweist als ihre Länge. Die Möhren sind nicht nur verbesserungsbedürftig hinsichtlich der Reinheit und Ausgeglichenheit der Wurzelform, sondern auch anderer Merkmale wie des Wurzelkörpers. Dieser besteht aus Rinde, kambialer Zone und Holzteil, wobei der Anteil dieser Zonen an der Gesamtwurzel von Individuum zu Individuum innerhalb einer Sorte sehr schwanken kann. Erwünscht ist ein kleiner Holzteil und eine schmale kambiale Zone und eine gleichmäßige Rotfärbung aller Teile, die sich auch nach dem Kochen nicht verändert. Im Geschmack, der in enger Verbindung zur Rotfärbung und zum Refraktometerwert steht, bestehen große Unterschiede, nicht nur zwischen den Sorten, sondern auch innerhalb der Sorten bei verschiedenen Individuen und Stämmen. Da die Möhren sehr reich an Carotin, dem so wertvollen Provitamin A sind, und auch hierin große individuelle Schwankungen zeigen, kann diese Eigenschaft auch vom Züchter durch die Selektion beeinflußt werden. Eine weiter wertbildende Eigenschaft ist der Zuckergehalt.

Um diese Eigenschaften der Wurzel zu prüfen, ist es notwendig, die Möhren längs oder quer zu teilen, um nach erfolgter Untersuchung die wertvollen Möhren vermehren zu können. Die Wundflächen werden zur Desinfektion mit Holzkohle oder 0,1%iger Sublimatlösung für 10 Minuten behandelt. Auch ist es möglich, den Rübenkopf auf eine andere Möhre zu pfropfen, so daß die ganze Rübe für Qualitätsuntersuchungen benutzt werden kann (Zinn). Außer diesen mehr inneren Eigenschaften der Qualität der Wurzel sind noch bei der Selektion zu berücksichtigen: Das

Platzen der Wurzel, die Farbe und Form des Kopfes — Grünfärbung und Senkköpfigkeit sind unerwünscht — das Schossen im ersten Jahr u. a. m.

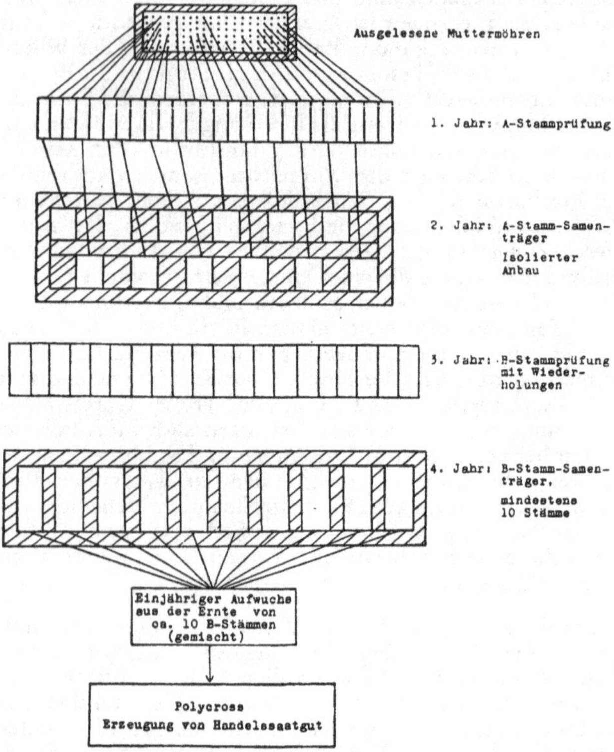

Abb. 13. Schema des Züchtungsganges bei Zwiebeln und Möhren

Es erhebt sich nun die Frage, wie die bestehenden Sorten hinsichtlich dieser Eigenschaften verbessert und vor allem zu einer größeren Konstanz gezüchtet werden können. Der nächstliegende Weg ist die Individualauslese mit Prüfung der Nachkommenschaften, wobei die Möhren, die zur Samengwinnung aus den besten A-Stämmen ausgelesen worden sind, stammweise getrennt, d. h. isoliert angebaut werden müssen. Durch diesen isolierten Anbau wird erreicht, daß sich Geschwisterpflanzen, die alle von derselben Muttermöhre abstammen, untereinander befruchten; es wird also eine Inzucht mittleren Grades durchgeführt, die zu einer weitgehenden Homozygotie der Genotypen führt, d. h. zu einer Ausgeglichenheit der Sorte. Diese durch eine milde Inzucht herbeigeführte Homozygotie wird um so stärker, je länger bei Fortsetzung des Zuchtverfahrens stets neue Einzelpflanzen aus einem isolierten A-Stamm ausgelesen werden.

Der Züchtungsgang kann nach dem in Abb. 13 dargestellten Schema durchgeführt werden. Für die Isolierung der Samenträgerstämme bewährt sich Hanf recht gut; jeder Samenträgerstamm wird mit einem etwa 2—3 m breiten Hanfgürtel umgeben. Einfacher ist die Isolierung in Gewächshäusern, die in Isolierkammern unterteilt sind. Zur Befruchtung setzt man in jede Isolierkammer einen Fliegenstamm, der eigens hierzu angezogen werden muß. Für diese Isolierung unter Glas kommen aber nur die A-Stamm-Samenträger in Frage, da die B-Stamm-Samenträger zu viel Raum erfordern. Wird in einer Feldmark keine anderweitige Samenmöhre angebaut, so können die 10—15 B-Stamm-Samenträger auch in der Weise isoliert werden, daß die Stämme in größeren Entfernungen voneinander in andere Kulturen gepflanzt werden, wie z. B. in Weizen, Zwiebelsamen, Rübensamen, Selleriesamen oder Petersiliesamen, also in spätreifende Feldbestände.

Bei diesem Zuchtverfahren kann zwar eine Ausgeglichenheit der Sorten erreicht werden, es ist aber auch gleichzeitig mit einer Schwächung durch Inzucht zu rechnen. Aus diesem Grunde hat wieder eine Bestandes-Kreuzung zu erfolgen. Hierzu wird das Saatgut von mindestens 10 Inzuchtstämmen (im vorliegenden Falle von B-Stämmen) gemischt, aus dem die Mutterrüben für das Handelssaatgut gezogen werden. Es sind mindestens 10 Linien zu mischen, nur dann ist die Wahrscheinlichkeit sehr groß, daß in diesem sogenannten „Polycross“ die überwiegende Mehrzahl aller Pflanzen kreuzbefruchtet ist und daß sich nicht Individuen derselben Inzuchtlinie befruchtet haben. — Hat der Züchter erst einmal 10—20 brauchbare Stämme zur Verfügung, die einheitlich sind und dem gewünschten Sortentyp besonders in qualitativer Hinsicht entsprechen und in einem Polycross ein brauchbares Handelssaatgut mit einem möglichst hohen Heterosiseffekt ergeben, dann kann er diese Stämme isoliert weiterziehen, um an deren Ernte und nachfolgender Mischung immer wieder dasselbe Handelssaatgut zu erzeugen. Zur Erhaltung dieser Inzuchtstämme genügt eine intensive Massenauslese auf breiter Grundlage. Die allerbesten Möhren — etwa 500 — werden ausgelesen und als Gruppe isoliert angebaut, um mit ihrer Samenernte den betreffenden

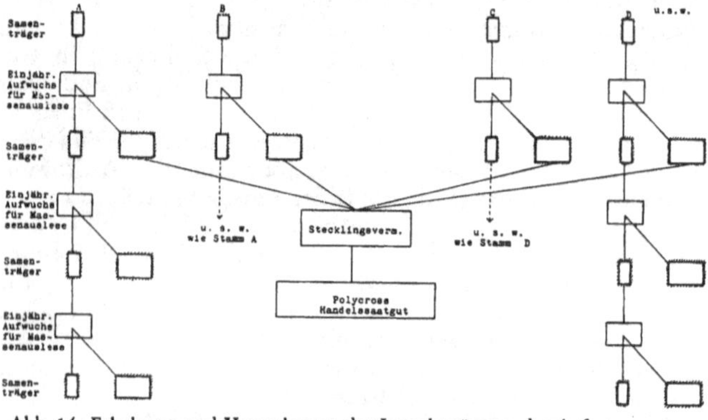

Abb. 14. Erhaltung und Vermehrung der Inzuchtstämme durch fortgesetzte Massenauslese und Gewinnung des Handelssaatgutes aus einem Polycross bei Möhren

Stamm fortzuziehen; außer diesen 500 Möhren werden weitere, etwa 5000, ausgesucht, um das Saatgut für die Komponenten des Polycross zu gewinnen, aus dem wiederum das Handelssaatgut entsteht (s. Abb. 14).

Der Umfang der Auslesen richtet sich ganz nach der Höhe des Bedarfs, der für das Handelssaatgut vorliegt. Auf alle Fälle müssen irgendwelche Zwischenvermehrungen des Polycross vermieden werden, da mit weiteren Vermehrungen die Einheitlichkeit und der Heterosiseffekt wieder verloren geht. Sind die Inzuchtstämme, d. h. die Komponenten des Polycross, gut durchgezüchtet und ausgeglichen, dann kann der einjährige Aufwuchs zur Erzeugung des Polycross, aus dem das Hochzuchtsaatgut gewonnen wird, auch als Stecklingssaat erfolgen, d. h. aus nicht voll entwickelten Mutterpflanzen. Die Aussaat erfolgt dann erst Ende Juni bis Mitte Juli; die Überwinterung dieser Stecklinge ist einfacher und vor allem sicherer, besonders bei frühen und mittelfrühen Sorten, die sich weniger gut für die Lagerung eignen.

Der Züchter darf sich aber nicht auf die Erhaltung der bestehenden Inzuchtlinien und die Erzeugung des Handelssaatgutes aus ihnen mit Hilfe eines Polycross beschränken, sondern muß danach streben, dieses Polycross in der Leistung weiterhin zu verbessern. Hierzu muß er neue Inzuchtlinien züchten und feststellen, wie weit diese durch eine gute Kombinationseignung die Leistung des Polycross erhöhen können. Neue Inzuchtlinien können nach dem bereits besprochenen Schema ausgelesen werden. Ein weiterer Weg besteht darin, daß man einzelne Pflanzen selbstet, d. h. den stärksten Grad der Inzucht anwendet. Die Möhre ist weitgehend selbststeril, so daß der Samenansatz sehr gering ist. Die Verhältnisse für erfolgreiche Selbstungen zur Schaffung von Inzuchtlinien liegen nicht so günstig wie bei der Küchenzwiebel (s. S. 102). Die Selbstungen erfolgen am besten durch Stoffhüllen, die durch Drahtringe versteift werden, oder durch Pergamintüten, die aber nicht so wirksam sind, da man bei dem Verwenden von Stoffhüllen Fliegen zusetzen kann, die die Selbstbestäubung ausführen*).

*) Wegen der Protandrie empfiehlt B e c k e r mindestens zwei Dolden einzuschließen, wodurch eine Erhöhung des Samenansatzes eintritt.

Die Inzuchtwirkung nach Selbstbestäubungen ist im allgemeinen sehr groß, doch sehr unterschiedlich in Abhängigkeit von der genetischen Konstitution des Ausgangsmaterials.

Die Prüfung der neuen Inzuchtlinien hinsichtlich ihrer Kombinationseignung für das Polycross geschieht am besten in der Weise, daß Möhren des neuen Stammes in das Samenträgerfeld des Polycross gepflanzt und dort durch einen Stab für die spätere Ernte kenntlich gemacht werden. Diese Möhren haben die Aussicht, von einem Pollengemisch des gesamten Polycross bestäubt zu werden. Aus der Nachkommenschaftsprüfung dieser Möhren ersieht man, ob sie in das bestehende Polycross passen bzw. es verbessern können (analog der von Rasmusson angewendeten Methode bei der Züchtung der Hilleshöger Zuckerrüben in Schweden).

Die Amerikaner Woodbury und Schultz haben eine vegetative Vermehrung der Möhre durch Längsteilung in vier Stücke erfolgreich für die vermehrte Samengewinnung durchgeführt. Die Zerlegung der Möhre muß so erfolgen, daß ein Stück vom apikalen Meristem in jedem Teilstück eingeschlossen wird. Wenn man von der Einzelmöhre viel Saatgut zur Verfügung hat, kann bereits die A-Stammprüfung als Leistungsprüfung auf breiter Grundlage durchgeführt werden, wodurch man sich die B-Stammprüfung ersparen kann und somit zwei Jahre Zeit gewinnt. Weiterhin gewinnt man durch die vegetative Vermehrung die Möglichkeit, diallele Kreuzungen auf breiter Grundlage durchzuführen, um die Kombinationseignung von je zwei Genotypen festzustellen.

Weitere Möglichkeiten bei der Verbesserung der Möhren bieten sich mit der Verwendung männlich steriler Linien, mit deren Hilfe eine Heterosiszüchtung aufgebaut werden kann, eine Zuchtmethode, die bei der Züchtung der Küchenzwiebel eingehend beschrieben wird. Im Jahre 1947 haben die Amerikaner Welsh und Grimbal erstmalig eine männlich sterile Form beschrieben. Über den Erbgang dieser

Mutante und ihrer erfolgreichen Verwendung in der Züchtung ist noch nichts bekannt.

Auch in der Durchführung einer Kombinationszüchtung mit dem Ziel, wertvolle Eigenschaften zweier Sorten in einer Neuzüchtung zu vereinigen, liegen noch große, bisher ungenutzte Möglichkeiten für den Züchter.

7. Züchtung von Zwiebeln

Aus der Gattung Allium sind folgende Kulturpflanzen hervorgegangen:

Allium Cepa (Küchenzwiebel)	2n = 16	Chromosomen
Allium sativum (Knoblauch)	2n = 16	„
Allium porrum (Porree)	2n = 32	„
Allium Schoenoprasum (Schnittlauch)	2n = 32	„
Allium fistulosum (Winterheckzwiebel)	2n = 16	„
Allium ascalonicum (Schalotte)	2n = 16	„

Unter diesen hat die Küchenzwiebel, Allium Cepa, die größte Bedeutung erlangt. Die seit alters her in Deutschland angebauten Sorten zeigen zwar hinsichtlich Farbe und Form der Knollen und ihren wirtschaftlichen Werteigenschaften einen gewissen Durchschnittstyp, sind aber durch eine mehr oder weniger große Variabilität ausgezeichnet. Das bedeutet, daß sie durch bestimmte züchterische Eingriffe noch verändert bzw. verbessert werden können, und darüber hinaus auch die Möglichkeit besteht, neue Sorten aus den bestehenden zu entwickeln.

Mit den bisher am meisten angewandten Zuchtverfahren der positiven Massenauslese und der auch zuweilen angewandten Individualauslese mit Prüfung der Nachkommenschaften kann man aber nur eine Verbesserung einer Sorte erreichen. Neue Sorten kann man mit diesen Methoden nicht schaffen. Für die Reinzüchtung einer Sorte sei das bei der Möhrenzüchtung empfohlene Schema der Individualauslese mit Regulierung der Fremdbefruchtung empfohlen (s. S. 96).

Ein Weg, zu neuen und einheitlichen, leistungsstärkeren Sorten zu gelangen, besteht in der Anwendung der Inzucht-Heterosismethode.

Jede fremdbefruchtende Sorte ist eine Population mit überwiegender Heterozygotie der Erbanlagen. Durch erzwungene Selbstbefruchtungen, die über mehrere Jahre fortgeführt werden müssen, läßt sich eine derartige Population in reine Linien zerlegen. Normalerweise wird die Küchenzwiebel durch Insekten bestäubt; die Blüten sind protandrisch, so daß im allgemeinen keine natürlichen Selbstbestäubungen vorkommen. Die Selbstbestäubung läßt sich sehr leicht durch Einhüllen der Blütenstände mit Pergamintüten oder Stoffhüllen erreichen, wobei zur Blütezeit die Tüte mehrere Male zwischen den Händen bewegt werden muß, um eine Bestäubung zu erreichen. Die Isolierung kann auch in Isolierkammern eines Gewächshauses erfolgen. Als gutes Hilfsmittel für die Bestäubung haben sich Fliegen erwiesen. Die Fliegenlarven werden in der Isolierkammer ausgesetzt oder unter die Isoliertüte gebracht.

Der Samenansatz nach erfolgter Selbstung steht dem nach freier Bestäubung nicht viel nach; doch ist der Samenertrag um etwa 10 % verringert (nach Jones —120 gegen 137). Nach etwa sechs Generationen fortgesetzter Inzucht erhält man homozygote Linien, die völlig ausgeglichen bezüglich Form, Farbe und qualitativer Eigenschaften, wie Lagerungseignung, sind. Es tritt aber auch ein Rückgang in der Wüchsigkeit ein, der sich am stärksten in der ersten Generation auswirkt. Der Grad der Inzuchtschwächung ist bei einzelnen I-Linien verschieden hoch. Es treten aber nach Jones auch I-Linien auf, die ertraglich höher als die Ausgangspopulation liegen oder sich durch gute Lagerfähigkeit auszeichnen.

Diese Differenzierung der Population in homozygote Linien ist züchterisch ein außerordentlicher Gewinn; die Inzuchtdepression kann durch nachfolgende Kreuzungen wieder aufgehoben werden.

Kreuzungen sind bei Zwiebeln zwar ohne große technische Schwierigkeiten durchführbar, doch ist es nicht möglich, mit den von Hand ausgeführten Kreuzungen ein Handelssaatgut zu erzeugen. Neue Möglichkeiten zur Erzeugung eines Heterosis-Saatgutes auf rationelle Weise boten sich erst, als J o n e s im Jahre 1925 in D a v i s (Kalifornien) in der Sorte „Red Italian“ eine männlich sterile Pflanze entdeckte. Die Blüten dieser Pflanze sind normal gebaut; aber in den Antheren wird kein Pollen gebildet. Die weitere Vermehrung dieser Mutante erfolgte zunächst auf ungeschlechtlichem Wege durch Bulbillen, die sich recht zahlreich in den Blütenständen bilden. Baut man nun abwechselnd Reihen dieser männlich sterilen und vegetativ vermehrten Form mit einer normalen zwittrigen Sorte an, so werden die männlich sterilen Pflanzen durch Insekten mit Blütenstaub der normalen Sorte bestäubt; man erntet auf der männlich sterilen Form ein Bastardsaatgut, aus dem eine einheitliche Sorte mit einer mehr oder weniger großen Heterosiswirkung entsteht, sofern man die geeignete Vatersorte zur Bestäubung durch vorherige Testkreuzungen herausgefunden hat (s. Abb. 15).

P_A F_1 P_B

Abb. 15. Heterosis bei Zwiebeln (umgezeichnet nach JONES, 1944)

Um die Eigenschaften der männlichen Sterilität auch auf andere Sorten zu übertragen, wurden Kreuzungen ausgeführt, durch die gleichzeitig die genetische Bedingtheit der Sterilität klargelegt wurde, eine wichtige Voraussetzung für eine weitere erfolgreiche Arbeit.

Nach Kreuzungen der männlich sterilen Mutante mit verschiedenen Handelssorten wurden drei verschiedene Aufspaltungen in F_1 beobachtet:

a) alle Pflanzen haben normale Blüten;
b) alle Pflanzen haben weibliche (= männlich sterile) Blüten;

c) es treten Pflanzen mit normalen Blüten und solche mit weiblichen im Verhältnis 1 : 1 auf.

Die weitere genetische Analyse zeigte, daß die männliche Sterilität durch das Zusammenwirken eines erblich veränderten Plasmas mit einem rezessiven Gen zustande kommt. — Wird das veränderte Plasmon (= erbliche Konstituente des Plasmas) mit S bezeichnet, das normale Plasmon mit N und das im Kern gelegene Gen mit Ms ms, so können für die männlich sterilen und fertilen Formen folgende Erbformeln aufgestellt werden:

Männlich steril:	(S) ms ms
Normale Blüte:	1. (N) ms ms
	2. (N) Ms ms
	3. (N) Ms Ms
	4. (S) Ms ms
	5. (S) Ms Ms

Aus diesen Formeln ist zu ersehen, daß nur bei einem Zusammentreffen des Plasmons S mit den beiden rezessiven Allelen eines Kerngens ms ms männliche Sterilität entsteht. Sind dagegen ein dominantes oder zwei dominante Allele vorhanden, so entstehen trotz des Plasmons S normale Blüten. Bei einem normalen Plasmon (= N) entstehen immer normale Blüten, unabhängig davon, ob das Kerngen mit rezessiven oder dominanten Allelen vertreten ist.

Aus dieser unterschiedlichen genetischen Konstitution erklären sich die verschiedenen beobachteten Spaltungsergebnisse:

männlich steril × *normal*

a) (S) ms ms × (N) ms ms = alle Pflanzen männlich steril
b) (S) ms ms × (N) Ms Ms oder (S) Ms Ms = alle Pflanzen normal
c) S ms ms × (N) Ms ms oder (S) Ms ms = 1 männlich steril : 1 normal.

In allen Sorten wurden bisher Genotypen von der Konstitution (N) sm sm gefunden, so daß nach Kreuzung mit der männlich sterilen Mutante als Mutter das erwünschte Kreuzungsergebnis, nämlich eine einheitliche, männlich sterile Nachkommenschaft, eintrat. Werden diese noch mehrere Jahre hindurch mit derselben Vatersorte rückgekreuzt, so entstehen männlich sterile Formen, die völlig der Vatersorte gleichen: Das Genom der Vatersorte ist in das Plasmon (S) der Muttersorte übertragen worden (s. Abb. 16).

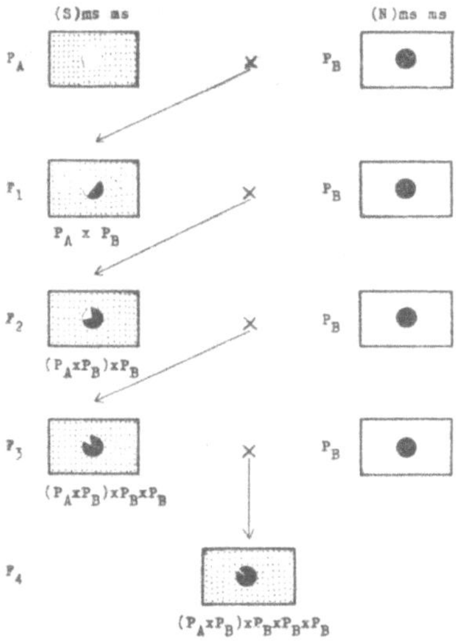

Abb. 16. Schema der Übertragung des Genoms einer fertilen Linie (P_B) in das Plasma einer männlich sterilen Linie (P_A) bei Zwiebeln

Diese Verbindung der männlichen Sterilität mit anderen Sorten ist um so notwendiger gewesen, als die Ausgangssorte „Red Italian" einige recht unerwünschte Merkmale aufweist, wie sehr späte Reifezeit und schlechte Haltbarkeit. In Amerika sind heute bereits von allen wichtigen Sorten männlich sterile Linien vorhanden.

Diese verschiedenen männlich sterilen Linien werden bei Erzeugung von Heterosis-Saatgut als Muttersorte verwandt; die geeignete Vatersorte muß durch vorhergehende Testkreuzungen ausfindig gemacht werden. Um Saatgut für *eine* Heterosissorte zu erzeugen, müssen drei Zwiebellinien vorhanden sein:

a) eine männlich sterile Linie = (S) ms ms;
b) eine fertile Linie, die dasselbe Genom wie die männlich sterile hat, aber ein normales Plasmon besitzt, also von der Konstitution (N) ms ms ist. Sie dient zur Fortpflanzung der männlich sterilen Linie (siehe Schema in Abb. 17);

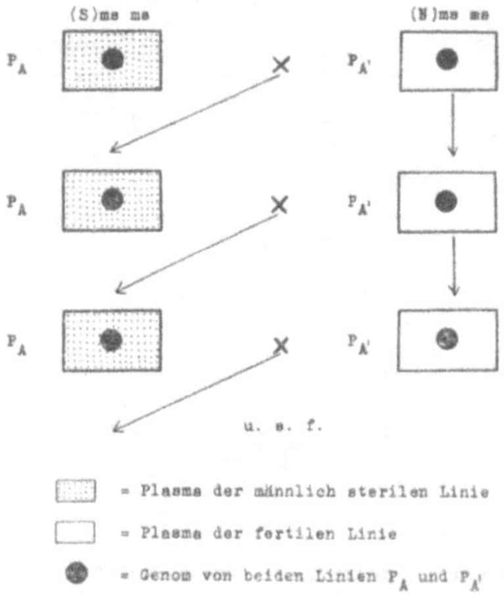

Abb. 17. Schema der sexuellen Fortpflanzung einer männlich sterilen Linie bei Zwiebeln mit Hilfe einer fertilen Ergänzungslinie

c) eine fertile Linie, die nach Kreuzung mit der männlich sterilen Linie Bastarde mit möglichst hohem Heterosiseffekt erzeugt; sie kann folgende Konstitutionen haben: (N) Ms Ms, (N) Ms ms oder (N) ms ms.

Werden Linien von der Konstitution (N) Ms ms oder (N) ms ms als Väter bei der Erzeugung des Heterosissaatgutes benutzt, so entstehen im Nachbau sterile Pflanzen, was aber für den Gärtner, der nur die Zwiebeln nutzen will, von keiner Bedeutung ist.

Der Weg zur Erzeugung des Heterosissaatgutes ist aus dem Schema der Abb. 18 zu ersehen.

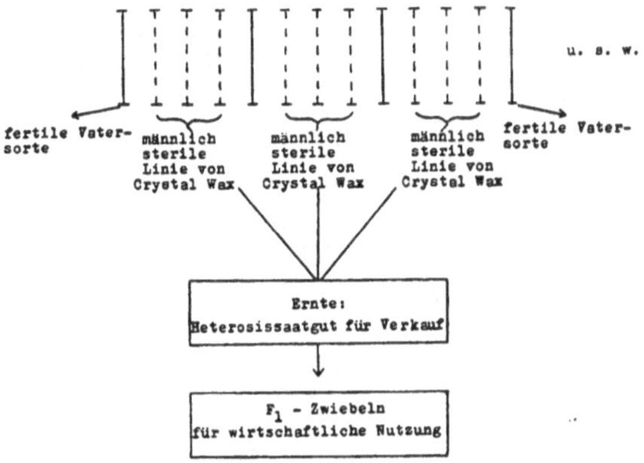

Abb. 18. Schema der Erzeugung von Heterosissaatgut bei Zwiebeln mit Hilfe einer männlich sterilen Linie

Mit Hilfe der Heterosissorten kann nicht nur der Ertrag erheblich gesteigert werden, sondern auch andere erwünschte Eigenschaften einer Elternsorte, wie Krankheitsresistenz, können mit dieser Ertragsleistung kombiniert werden. Diese Kombination ist bei den Heterosissorten sehr leicht zu verwirklichen, wenn man erst einmal die geeigneten Kreuzungseltern herausgefunden hat, da die erwünschte Kombination nicht zur Konstanz gezüchtet zu werden braucht.

Trotz dieser großen Möglichkeiten, die sich durch die Verwendung männlich steriler Formen für die Inzucht-Heterosiszüchtung bieten, sollte der Züchter auch die Kombinationszüchtung, die die Vereinigung wertvoller Eigenschaften verschiedener Sorten mit dem Ziele der Konstanzzüchtung erstrebt, nicht aus dem Auge verlieren. Auch bei dieser Züchtungsart geht man am besten von der Kreuzung von I-Linien aus, die für die gewünschten Eigenschaften homozygot sind. — In diesem Zusammenhang sei darauf hingewiesen, daß sich die Küchenzwiebel, Allium Cepa, mit der Winterzwiebel, Allium fistulosum, kreuzen läßt. Diese Art ist winterhart und mehrjährig, bildet aber keine eigentlichen Zwiebeln; die Blattscheiden sind ähnlich wie beim Porree verdickt. Obwohl beide Arten dieselben Chromosomenzahlen haben (2n = 16), sind die Bastarde weitgehend steril. Jones und Clarke gelang es, aus dieser Kreuzung einen amphidiploiden Bastard mit 2n = 32 Chromosomen zu züchten. Der amphidiploide Bastard war voll fertil, die vegetative Entwicklung stärker als die beider Eltern; außerdem war er perennierend; die Zwiebelbildung war vorhanden, wenn auch kleiner als bei Allium Cepa. Es ist also sehr wohl möglich, die günstigen Eigenschaften beider Arten zu kombinieren.

Was die *Zuchtziele* im einzelnen betrifft, so hat neben der Erhöhung des Ertrags und der Ertragssicherheit durch Resistenz gegen Krankheiten, die Verbesserung der Haltbarkeit der Zwiebel eine große wirtschaftliche Bedeutung. Zuverlässige, indirekte Bestimmungsmethoden zur Frühdiagnose der Austriebsneigung lagernder Zwiebeln gibt es noch nicht. Nach Krickl bestehen gewisse Beziehungen zwischen dem Zeitpunkt des Durchtreibens und dem osmotischen Wert. Der Züchter ist daher auf genaue Beobachtungen über den Zeitpunkt des Austreibens seiner lagernden Zuchtstämme angewiesen und auf die Bestimmung der Gewichtsverluste während der Lagerung. — Es ist sehr leicht möglich, spät austreibende Zwiebeln zu züchten; Schwierigkeiten entstehen dann aber in der Samenerzeugung.

Viele Zwiebeln haben die Fähigkeit, nach der Samenernte wieder auszutreiben, wenn neben den Blättern, welche den Stengel umschließen, neue Triebblätter zum Vorschein kommen. Krickl gelang es, von *einer* Mutterzwiebel drei bis vier Samenernten zu erzeugen, wobei natürlich eine Lagerung und neuerliches Auspflanzen der Mutterzwiebel notwendig ist.

Ein kleines züchterisches Problem besteht auch noch bei den Steckzwiebeln, also den Sorten mit einer dreijährigen Kultur. Der Ertrag der zu nutzenden Zwiebeln im zweiten Jahr hängt von der Größe der Steckzwiebeln im ersten Jahr ab. Übersteigt die Steckzwiebel eine gewisse Größe, so geht sie bereits im zweiten Jahr zur Samenproduktion über. Es besteht daher die Aufgabe, diesen kritischen Punkt hinauszuschieben, also Steckzwiebeln zu züchten, die möglichst groß sind, aber doch nicht bereits im zweiten Jahr schossen.

8. Züchtung von Gurken

Bei den bisher abgehandelten fremdbefruchtenden Gemüsearten können die wirtschaftlichen Eigenschaften, um derentwillen diese Kulturpflanzen genutzt werden, bereits vor der Blüte beurteilt werden, so daß nur Pflanzen bzw. Familien mit erwünschten Eigenschaften zur Fortpflanzung gelangen und unerwünschte Formen auch als Pollenspender ausgeschaltet werden können. Auf diese Weise wird bereits eine erste Regulierung der Fremdbefruchtung in jedem Zuchtverfahren erreicht. Anders liegen die Verhältnisse bei der Gurke. Hier erfolgt die Beurteilung der zu nutzenden Organe (der Früchte) erst nach der Blüte. Das bedeutet, daß wertvoll erscheinende Pflanzen, die für die Weiterzucht ausgelesen worden sind, durch den Pollen minderwertiger Nachbarpflanzen bestäubt sein können und somit die Leistungen der Nachkommenschaften nicht denen der ausgelesenen Pflanzen entsprechen; es treten unerwünschte Spaltungen ein.

Diese sich hieraus bei der Auslese ergebenden Schwierigkeiten können am besten durch die „Restsaatgutmethode“ oder „Methode des überlagerten Saatgutes“ überwunden werden, die in der Roggenzüchtung mit großem Erfolg angewandt worden ist (s. Abb. 19).

Soll eine uneinheitliche Sorte verbessert oder eine gute auf der Höhe ihrer Leistungsfähigkeit gehalten werden, so geht man in folgender Weise vor: Man wählt etwa 100 Einzelpflanzen aus einem Vermehrungsbestand der betreffenden Sorte aus und bereitet aus jeder Pflanze den Samen getrennt auf. Bei der Anlage der A-Stämme wird aber nur ¼—½ der Samenmenge benutzt, der Rest wird aufbewahrt. Die A-Stämme brauchen nicht mehr als 30—50 Pflanzen zu umfassen, um ihre Ausgeglichenheit und Sortenechtheit zu prüfen. Die Prüfung der A-Stämme erfolgt am

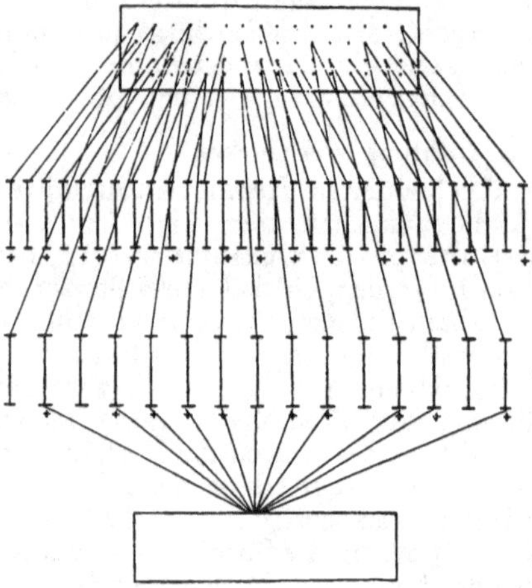

Abb. 19. Schema der Erhaltungszüchtung bei Gurken mit Hilfe der Methode des überlagerten Saatgutes

besten in nebeneinanderliegenden Reihen, wobei jeder A-Stamm aus einer Reihe besteht und in gewissen Abständen die ursprüngliche Sorte als Standard zum Vergleich gesät werden sollte. A-Stämme, die den Anforderungen entsprechen, werden nun nicht direkt fortgepflanzt, sondern es wird auf das Reservesaatgut ihrer Mutterpflanzen zurückgegriffen und mit diesem Saatgut eine sogenannte A'-Stammprüfung angelegt, und zwar in räumlicher Isolierung von anderen Gurkenfeldern. Bei den A'-Stämmen werden sich nur überdurchschnittliche Stämme miteinander befruchten, während bei der A-Stammprüfung die Möglichkeit besteht, daß ein guter, zur Weiterzucht bestimmter Stamm von einem minderwertigen Nachbarstamm befruchtet worden ist. Die Prüfung kann nun noch zwei weitere Jahre fortgesetzt werden durch Anlage einer B- und B'-Stammprüfung. Hierzu werden die besten A'-Stämme ausgesucht, aber nur ein Teil des Saatgutes für die B-Stammprüfung verwandt. Die B-Stämme werden mit Hilfe des Reservesaatgutes im folgenden Jahr noch einmal als B'-Stämme geprüft. Die Ernte der besten B'-Stämme wird dann als Stammsaatgut oder Elite für die Erzeugung des Handelssaatgutes benutzt. Zuvor müssen aber aus den B'-Stämmen wiederum Einzelpflanzen (= Eliten) ausgelesen werden, um in dem folgenden Jahr eine A-Stammprüfung anzulegen, mit der der Züchtungszyklus wieder von vorne beginnt.

Ist die Sorte nur auf der Höhe ihrer Leistungsfähigkeit zu halten, so kann man sich mit der A- und A'-Stammprüfung begnügen und bereits die besten A'-Stämme zur Erzeugung der Stammsaat benutzen, nachdem man zuvor neue Einzelpflanzen ausgelesen hat. Eine weit stärkere Regulierung der Fremdbefruchtung und damit auch eine schnelle Ausgeglichenheit der Sorte kann durch erzwungene Selbstbestäubung von Einzelpflanzen, d. h. durch Inzucht erreicht werden.

Die Gurke ist monözisch. Zuerst erscheinen die männlichen Blüten, wobei die Blühzone gipfelwärts wandert. Bei manchen Genotypen bilden sich dagegen am unteren Sproß immer neue Blüten. Die weiblichen Blüten erscheinen erst 1—3 Wochen nach den männlichen. Werden sie nicht innerhalb von zwei Tagen bestäubt, so fallen sie ab, mit Ausnahme der parthenokarpen Sorten. — Bei dem rein monözischen Typ kommen auch Ausnahmen vor; so wird über das gleichzeitige Auftreten von zwittrigen Blüten neben weiblichen und männlichen an derselben Pflanze berichtet. Auch das Vorkommen reiner Zwittertypen liegt in der Variationsbreite der Gattung, wenn man aus der starken Verbreitung zwitterblütiger Formen bei der verwandten Zuckermelone Cucumis melo L. Rückschlüsse ziehen darf.

Auch der Zeitpunkt des Erscheinens der ersten männlichen bzw. ersten weiblichen Blüten und ihr gegenseitiger zahlenmäßiger Anteil unterliegt der genetischen Variation. So konnten durch Selektion Gurkenstämme gezüchtet werden, bei denen zuerst die weiblichen Blüten erscheinen, und andere, bei denen die weiblichen gegenüber den männlichen in der Mehrzahl sind (F r i m m e l und L a u c h).

Diese Variation in der Blütenbiologie ist züchterisch von größter Bedeutung, einmal im Hinblick der Durchführung bestimmter Zuchtverfahren, wie der Inzucht, und dann hinsichtlich eventueller wirtschaftlicher Vorteile von Sorten, die sich in ihren Blühvorgängen und der Art ihres Blühens von den bisherigen unterscheiden.

Die Gurken sind weitgehend selbstfertil, so daß sich Selbstbestäubungen ohne Schwierigkeiten durchführen lassen. Über die hierbei auftretenden Inzuchtdepressionen gehen die Erfahrungen auseinander. Im allgemeinen ist mit keiner starken Depression zu rechnen. Um Blüten mit Pollen derselben Pflanze zu bestäuben, werden die Kronenblätter der weiblichen Blüten vor ihrer Entfaltung an der Spitze mit einem Bastfaden zusammengebunden, wodurch ein Insektenbesuch vor der künstlichen Bestäubung verhindert wird. Die Bestäubung von männlichen und weiblichen Blüten derselben Pflanze (Selbstbestäubung) kann sowohl kurz vor dem Aufblühen wie auch an Blüten, die am Tage vorher sich geöffnet haben, durchgeführt werden. In den umfangreichen Versuchen von J a k i m o v i c z konnten nicht nur gewisse rezessiv-bedingte Merkmale zur Konstanz gezüchtet werden, sondern es traten auch neue Eigenschaften bezüglich Form, Farbe und Behaarung der Frucht, Resistenz gegen Welkekrankheit u. a. auf. Auch Abweichungen in der Geschlechtsform wurden beobachtet, wie eingeschlechtliche und polygame Formen.

Eine Heterosiszüchtung wird bisher im großen noch nicht durchgeführt. Wenn auch die männlichen Blüten leicht zu entfernen sind, so ist diese Arbeit nicht mit unerheblichen Kosten verbunden. Am ehesten kommt die Heterosiszüchtung bei Treibhausgurken zur Anwendung, wo das Saatgut im allgemeinen durch Handbestäubungen gewonnen wird. Das Auffinden diözischer Gurken würde die Durchführung der Heterosiszüchtung sehr erleichtern. Daß dieses oder die experimentelle Erzeugung solcher Formen durchaus im Bereich der Möglichkeit liegt, darf aus den Erfolgen der Maiszüchtung auf diesem Gebiet geschlossen werden.

Auf alle Fälle würde es sich lohnen, eine Inzucht-Heterosiszüchtung auf breiter Basis in Angriff zu nehmen. Hierzu ist mit der Herstellung einer großen Zahl von Inzuchtlinien zu beginnen, mit denen alsdann die Testkreuzungen durchzuführen sind. Bei den Versuchen zur Herstellung von Heterosissaatgut im großen hat man sich der verschiedenen Geschlechtstypen zu bedienen, auf deren Vorkommen bereits hingewiesen wurde. Im Zusammenhang mit der Heterosiszüchtung sei auch auf die Erzeugung tetraploider Formen hingewiesen und damit auf die Erzeugung triploider Gebrauchskreuzungen. Mit der Verdoppelung der Chromosomensätze können auch Veränderungen des Geschlechtstyps verbunden sein, eine ebenfalls willkommene Variation. Mit Hilfe der Inzucht sind nun nicht nur die bestehenden Sorten ausgeglichener zu machen, sondern es können auch neue Sorten entstehen, besonders dann, wenn rezessive Typen mit stark verändertem Phaenotyp durch die erzwungene Selbstbestäubung zum Herausspalten gebracht werden.

Für die Neuzüchtung sollte aber nicht nur die genetische Variation unserer heimischen Sorten genutzt werden, sondern auch die der Primitivformen, die sich in den Ländern Asiens befinden, dem Entstehungs- und Heimatgebiet der Gurke. Die Formenmannigfaltigkeit ist hier sehr groß. Unter dem Material der Hindukuschexpedition befinden sich viele Formen, die auch unter extrem ungünstigen Kulturbedingungen keinen Bitterstoff bilden. Die Nutzung dieser Primitivformen erfolgt am besten in der Weise, daß man die Populationen durch Inzucht in ihre verschiedenen Genotypen zerlegt und dann wertvolle Formen mit unseren

Kultursorten kreuzt. Hierbei sind dann die Rückkreuzungen mit der Kultursorte vorzunehmen, da es in den meisten Fällen nur darum geht, einzelne Eigenschaften der Primitivformen auf die Kultursorten zu übertragen. Die Rückkreuzung ist schon deshalb sehr leicht anzuwenden und zu bevorzugen, da aus der Bestäubung einer Blüte bis zu 500 Samen gewonnen werden können. Die Durchführung einer derartigen Kreuzungszüchtung mit Hilfe wiederholter Rückkreuzungen erfolgt nach dem in Abb. 20 dargestellten Schema: Der Bastard P × K wird mit dem Kulturelter K

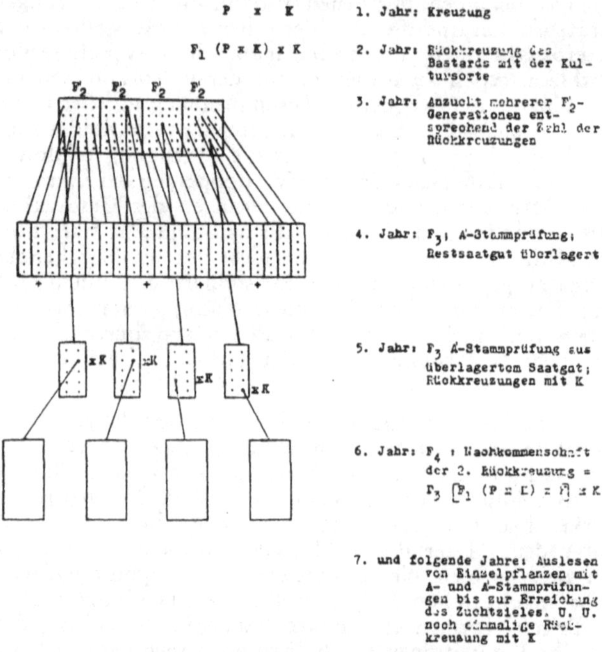

Abb. 20. Schema der Kreuzungszüchtung bei Gurken: Übertragung einer Eigenschaft aus einer Primitivform (P) in eine Kultursorte (K)

rückgekreuzt; aus diesen Rückkreuzungen werden mehrere F_2'-Familien gezogen entsprechend der Zahl der durchgeführten Rückkreuzungen. In dieser F_2' werden Einzelpflanzen für eine A- und A'-Stammprüfung ausgelesen. Auf Grund der A-Stammprüfung werden nur einige Stämme in die A'-Stammprüfung gebracht. Diese dient im wesentlichen dazu, um die besten Stämme noch einmal mit dem Kulturelter rückzukreuzen. Sollte bereits die einmalige Rückkreuzung zu einem befriedigenden Ergebnis geführt haben, d. h. der Kulturtyp bereits weitgehend wiederhergestellt worden sein, so kann mit der Auslese von Einzelpflanzen nach der Restsaatgutmethode fortgefahren werden, bis der Zuchterfolg eingetreten ist.

Die Zuchtziele und Auslesemomente bei der Gurke werden weitgehend von der Anbaumethode und dem Verwendungszweck der Sorten bestimmt; d. h. ob die Sorte im Gewächshaus, im Frühbeetkasten oder im Freiland kultiviert werden soll. Auch in der Eignung als Salat-, Einlege- oder Senfgurke bestehen sortentypische Unterschiede. Als weitere Zuchtziele sei eine stärkere Robustheit erwähnt, d. h. Unempfindlichkeit gegen kühle, feuchte Witterung und auch Trockenheit, ferner Resistenz gegen Mosaik, Mehltau, Bakterienwelke und Krätze. Mit dem Fortschreiten der Züchtung wird man auch den qualitativen Eigenschaften mehr Beachtung schenken, wie Vitamingehalt, Konservierungsfähigkeit usw.

II. Züchtung von Obst

A. Züchtung von Kern- und Steinobstarten

1. Züchtung von Edelsorten

a. Allgemeine Grundlagen der Züchtung

Alle Kern- und Steinobstsorten sind mehr oder weniger stark heterozygot, so daß eine Vermehrung der Sorten durch Samen nicht möglich ist. Eine Ausnahme bildet der Pfirsich, der durch vorherrschende Selbstfertilität ausgezeichnet ist und bei dem sich Sorten wie „Roter Ellerstadter“ als weitgehend samenkonstant erweisen. Die Homozygotie ist aber keine vollständige, sie geht nur so weit, daß in den Sämlingsnachkommenschaften der allgemeine Sortencharakter bewahrt bleibt. Sämlingsnachkommenschaften zeigen daher auch eine gewisse genetische Variation. Bei allen übrigen Kern- und Steinobstarten ist aber infolge ihrer starken Heterozygotie eine sortenechte Vermehrung durch Samen nicht möglich; sie muß daher auf ungeschlechtlichem Wege erfolgen. Da die Bewurzelung von Sproß- und Wurzelteilen nach Überschreiten des Jugendstadiums eines Sämlings schwierig und unwirtschaftlich ist, geschieht die Vermehrung durch Veredlung von Reisern oder Augen auf Unterlagen.

Reis und Unterlage bilden eine Lebensgemeinschaft. Ihre gegenseitige Beeinflussung kommt in mannigfacher Weise zum Ausdruck, wie z. B. in der Frosthärte, der Blühwilligkeit, des Ertrages, der Wuchsstärke und der Größe der Baumkrone. Eine Abänderung des Genotyps der beiden Partner dieser Lebensgemeinschaft findet aber nicht statt, wie der bekannte russische Obstzüchter Mitschurin meinte. Nach seiner Mentormethode — Mentor bedeutet Erzieher — wird in die Krone des jungen, noch plastischen Sämlings das Reis einer winterharten Spezies gepfropft. Durch diese als Mentor wirkende Spezies soll der Sämling frosthärter werden. Ein Beweis für diese Methode ist nie erbracht worden.

Der wirtschaftliche Erfolg einer Obstsorte hängt daher abgesehen von den Umweltbedingungen und den Kulturmaßnahmen, unter denen sie angebaut wird, von dem Genotyp der Edelsorte, dem Genotyp der Unterlage und ihrer gegenseitigen Beeinflussung ab. Für die Vermehrung der Edelobstsorte müssen daher auch die entsprechenden Unterlagen vorhanden sein, so daß die Züchtung von Kern- und Steinobstarten in zwei wichtige Abschnitte zerfällt, in den der Edelsorten- und den der Unterlagenzüchtung. Wenn auch zuweilen für die Unterlagen und Edelsorten dasselbe Ausgangsmaterial verwendet werden kann, so sind doch ihre Zielsetzungen sehr verschieden und auch die angewandten Züchtungsmethoden nicht immer die gleichen, so daß beide in gesonderten Abschnitten behandelt werden.

Für die Durchführung der Züchtung in *beiden* Gruppen, besonders bei der Herstellung des variierenden Ausgangsmaterials für die Auslese, sind einige zytogenetische und blütenbiologische Eigenarten der Obstarten von Bedeutung, die zunächst behandelt werden.

Für das züchterische Verhalten der Arten hat nicht nur die bereits erwähnte Selbststerilität und Heterozygotie weitgehende Folgerungen, sondern auch ihre chromosomale Konstitution. Die Chromosomengrundzahl bei Äpfeln und Birnen beträgt n = 17. Die überwiegende Zahl der Sorten ist diploid mit 2n = 34 Chromosomen; daneben kommen einige triploide Sorten mit 2n = 51 vor. Bei den wilden Malusarten sind diploide, triploide und tetraploide Spezies vorhanden, während alle bisher untersuchten wilden Pirusarten diploid sind.

Das Verhalten in der Reduktionsteilung, vor allem das Vorkommen von Multivalentenbildungen hat es wahrscheinlich gemacht, daß die Äpfel und Birnen abgeleitete Polyploide sind mit x = 7 Chromosomen, der in der Familie der Rosaceen verbreiteten Grundzahl. Es wird angenommen, daß bei einem diploiden Apfel vier von diesen Chromosomen vierfach und drei Chromosomen sechsfach vertreten sind. Hieraus resultiert eine Gesamtzahl von 34 Chromosomen. Die diploiden Äpfel wären demnach tetra-hexaploid, und die triploiden hexanonaploid; ihre Genomformeln sind wie folgt (mit jeder Indexzahl ist ein Chromosom bezeichnet; homologe Chromosomen haben dieselben Buchstaben):

Diploide Äpfel		*Triploide Äpfel*	
$A_1A_2A_3A_4$	= 4	$A_1A_2A_3A_4A_5A_6$	= 6
$B_1B_2B_3B_4$	= 4	$B_1B_2B_3B_4B_5B_6$	= 6
$C_1C_2C_3C_4$	= 4	$C_1C_2C_3C_4C_5C_6$	= 6
$D_1D_2D_3D_4$	= 4	$D_1D_2D_3D_4D_5D_6$	= 6
$E_1E_2E_3E_4E_5E_6$	= 6	$E_1E_2E_3E_4E_5E_6E_7E_8E_9$	= 9
$F_1F_2F_3F_4F_5F_6$	= 6	$F_1F_2F_3F_4F_5F_6F_7F_8F_9$	= 9
$G_1G_2G_3G_4G_5G_6$	= 6	$G_1G_2G_3G_4G_5G_6G_7G_8G_9$	= 9
2n = Sa	= 34	2n = Sa	= 51

Für die Hypothese der abgeleiteten Polyploidie mit der Grundzahl x = 7 sprechen vor allem die komplizierten Aufspaltungen nach Kreuzung.

Recht einfach liegen dagegen die zytologischen und genetischen Verhältnisse bei den Kirschen. Ihre Grundzahl ist x = 8. Die Süßkirschen (Prunus avium) sind diploid (2n = 16) und die Sauerkirschen (Prunus cerasus) tetraploid (2n = 32). Bei den Sauerkirschen unterscheidet man wiederum zwei Gruppen, die verschiedenen Ursprungs sind: Die Sauerkirschen im engeren Sinne, die sich vor allem durch einen gefärbten Saft auszeichnen und durch Sorten wie die Schattenmorelle vertreten sind, während die zweite Gruppe durch die Glaskirschen oder Dukes gebildet wird; ihr Saft ist ungefärbt. Die erste Gruppe ist wahrscheinlich aus der Kreuzung einer 32-chromosomigen Wildkirsche von Prunus cerasus oder Prunus fruticosa, der Strauchweichsel, mit diploiden Gameten der Süßkirschen hervorgegangen. Die zweite Gruppe verdankt ihre Entstehung der Kreuzung von diploiden Gameten der Süßkirsche mit haploiden Gameten der Sauerkirschen der ersten Gruppe. Beide Sauerkirschengruppen sind also als allotetraploide Formen anzusehen.

Während die Süßkirschen völlig selbststeril sind, kommen bei den Sauerkirschen selbstfertile und selbststerile Formen vor, ohne daß scharfe Grenzen zwischen beiden Formen bestehen. Eine tetraploide Süßkirsche wurde von Berta Danielsson in einer Obstplantage in Fjälkestad (Schweden) gefunden und untersucht. Morphologisch ist sie eine reine Prunus-avium-Form. Sie ist durch einen aufrechten Wuchs und dicke, kurze Jahrestriebe ausgezeichnet. Sie blüht reichlich, aber bald nach der Bestäubung fallen die Früchte ab. Die Pollenentwicklung ist sehr schwach; nur 40 % normale Pollenkörner sind vorhanden. Bei Kreuzungen mit diploiden Süßkirschen als Mutter wurde ein Fruchtansatz von 1,6 % und bei Kreuzungen mit tetraploiden Sauerkirschen ein Fruchtansatz von 2 % erzielt.

Triploide Kirschen sind vor allem als kleinwüchsige Zierformen in Japan bekannt. Vom züchterischen Standpunkt ist ein von M. v. Schelhorn beschriebener triploider Sämling in Theissing von größtem Interesse. Dieser zeichnet sich durch eine besonders starke Wüchsigkeit, reiches Blühen aber weitgehende Sterilität aus. Die Blätter sind in der Gestalt, Farbe, Behaarung und Haltung ganz ähnlich denen der Süßkirschen. Auch die wenigen ausgebildeten Früchte haben Süßkirschencharakter, so daß von Schelhorn vermutet, daß der Sämling aus der Befruchtung einer unreduzierten Eizelle mit einem normalen Pollenkorn, beide von Süßkirschen stammend, entstanden ist, während die Entstehung aus einer Kreuzung von Süß- × Glaskirschen (diploid × tetraploid) für weniger wahrscheinlich gehalten wird. (Über seine züchterische Verwendung siehe bei Zuchtmethoden: Polyploidie.) Die in Bulgarien angebaute „Ostheimer Weichsel“ ist pentaploid (2n = 40).

Prunus avium ist von Aldermann mit dem Artbastard Prunus besseyi × P. pennsylvania gekreuzt und hieraus die sehr frostresistente Sorte „Zumbra“ entwickelt worden. Da Prunus besseyi auch mit 8-chromosomigen Pflaumen kreuzbar ist, sind enge züchterische Beziehungen zwischen Kirschen und Pflaumen hergestellt.

Recht mannigfaltig ist die Zahl der Spezies und ihr chromosomales Verhalten, die an dem Aufbau des Pflaumensortimentes beteiligt sind.

Bei einer Chromosomengrundzahl von x = 8 lassen sich eine hexaploide, eine tetraploide und eine diploide Gruppe von Arten unterscheiden.

1. Prunus cerasifera (Kirschpflaume) 2 = 16 u. 32*)
2. Prunus triflora 2n = 16
3. Prunus americana, nigra, besseyi 2n = 16
4. Prunus spinosa (Schlehe) 2n = 32
5. Prunus domestica 2n = 48

Aus allen diploiden Wildarten sind durch Auslese und durch Kreuzung von Arten untereinander Kultursorten ent-

*) In Sämlingsnachkommenschaften aus der Kreuzung von zwei diploiden Formen nach Murawski und Blasse.

standen. So sind gerade in neuerer Zeit von dem amerikanischen Obstzüchter Luther Burbank aus der triflora-Art sehr fruchtbare und erfolgreiche Sorten für wärmere Gebiete entwickelt worden.

Die tetraploiden Schlehen haben keine Kultursorte geliefert, sind dagegen an der Entstehung der so wichtigen domestica-Gruppe beteiligt, die die Zwetschen, Reineclauden, Mirabellen und Eierpflaumen geliefert hat. Prunus domestica ist aus Kreuzung der Kirschpflaume (Pr. cerasifera) mit der Schlehe (Pr. spinosa) und nachfolgender Chromosomenverdoppelung entstanden: $8 + 16 = 24 = 48$. Prunus domestica ist also eine allohexaploide oder amphidiploide Art. Diese Entstehungsweise der Hauspflaume erklärt auch das Fehlen entsprechender Wildformen in dieser Gruppe.

Recht einfach liegen die zytogenetischen Verhältnisse und damit auch die züchterische Behandlung bei der Aprikose (Prunus armeniaca) und dem Pfirsich (Prunus persica). Ihre Chromosomengrundzahl ist $x \times 8$. Beide Arten sind selbstfertil.

Von großer praktischer Bedeutung im Obstbau sind die verschiedenen Erscheinungen der Sterilität. Die Kenntnis ihrer Ursachen ist eine wichtige Voraussetzung für eine erfolgreiche Arbeit des Züchters.

Die zuweilen beobachtete Rückbildung der Geschlechtsorgane verhindert die Bildung von Geschlechtszellen überhaupt. Diese als „morphologische Sterilität“ bezeichnete Erscheinung dürfte vorwiegend rein genisch bedingt sein. Dagegen ist das Vorkommen von Pollen mit stark verringerter Keimfähigkeit, wie er bei allen triploiden Formen von Äpfeln und Birnen beobachtet wird, rein chromosomal bedingt, und zwar durch Unregelmäßigkeiten in der Reduktionsteilung, wie sie bei allen aneuploiden Formen vorkommen. Triploide Sorten müssen daher zur Erzielung eines normalen Fruchtansatzes mit zwei diploiden Sorten angebaut werden. Die eine diploide Sorte dient als Pollenspender für die triploiden Sorten und die zweite diploide als Pollenspender für die erste diploide Sorte, da die Äpfel, wie bereits erwähnt, selbststeril sind.

Auch die Bildung weiblicher Gonen erleidet bei den triploiden Formen mehr oder weniger starke Störungen. Geht infolge Störung der Reduktionsteilung die primäre Archespore zugrunde, so entwickelt sich zuweilen aus dem somatischen Gewebe des Nucellus eine sekundäre Archespore, und zwar ohne Reduktionsteilung. Derartige Eizellen haben also den doppelten Chromosomensatz wie die normalen, in diesem Falle gleich 51 Chromosomen. Sie können sich ohne Befruchtung zu triploiden Embryonen entwickeln — die Fortpflanzung erfolgt also apomiktisch —, oder bei Befruchtung durch ein normales, haploides Pollenkorn entsteht ein tetraploider Embryo und Sämling.

Sterilität in beiden Geschlechtern kann auch durch Letalgene verursacht werden. Da aber infolge der Heterozygotie der Obstsorten nur ein Teil der Geschlechtszellen mit einem derartigen Gen behaftet sein wird und der Pollen stets im Übermaß gebildet wird, ist diese Art der Sterilität für die Praxis von untergeordneter Bedeutung. Auch das Vorkommen von zygotisch wirksamen Letalgenen dürfte keinen wesentlichen Enfluß auf die Samen- und damit auch auf die Fruchtbildung haben. Viel wichtiger ist dagegen die Erscheinung, daß normaler, funktionsfähiger Pollen nicht nur in der Keimung auf der eigenen Narbe, sondern auch auf der ganz bestimmter anderer Sorten gehemmt wird. Diese Erscheinung bezeichnet man als *Kreuzungs-* oder *Intersterilität;* sie wird durch ein System multipler Allele S_1, S_2, S_3 ... S_n kontrolliert (s. Bd. 1134, S. 29). So besitzen z. B. diploide Apfelsorten die Allele S_1S_2, S_1S_3, S_1S_4, S_2S_3, S_2S_4, S_3S_4 usf. Eine Sorte S_1S_2 bildet dann Pollenkörner der Konstitution S_1 oder S_2 aus, eine S_3S_4-Sorte S_3- und S_4-Pollenkörner und eine S_1S_3-Sorte S_1- und S_3-Pollenkörner.

Dieser durch die S-Allele bedingte Sterilitätsmechnismus arbeitet nun in der Weise, daß in das Griffelgewebe einer S_1S_2 Pflanze nur Pollen eindringen kann, der keines dieser beiden S-Allele, S_1 oder S_2, besitzt, dagegen ist Pollen mit S_3 oder S_4 befruchtungsfähig. Werden 2 Sorten von der Konstitution S_1S_2 und S_2S_3 zusammen angebaut, so kann auf der S_1S_2-Sorte nur der S_3-Pollen der anderen Sorte und auf der S_2S_3-Sorte nur der S_1-Pollen befruchten. Triploide Sorten enthalten stets 3 Sterilitätsallele. Umfangreiche Kreuzungen verschiedener Apfelsorten untereinander haben nun zu den Feststellungen geführt, daß gewisse Sorten die gleichen S-Allele besitzen; sie bilden eine *Intersterilitätsgruppe* und dürfen ohne geeignete Bestäubungssorten nicht allein zusammen angebaut werden. In der Abb. 21 sind nach den Versuchen von K o b e l und seinen

	Berner Rosenapfel	Parkers Peping	Sauergrauech	Goldparmäne	Transparent v. Croncels	Chüsenrainer
Berner Rosenapfel	48 0(0)	421 3(0,4)	107 23(10)	120 39(9)		152 34(5)
Parkers Peping	482 3(0)	46 0(0)				
Sauergrauech				127 0(0)	109 24(17)	112 11(4)
Goldparmäne	102 47(23)		124 8(0)		109 17	
Transparent von Croncels			532 52(13)		524 9(0)	110 1(0)
Chüsenrainer	139 9(9)		104 11(3)	173 36(24)	124 0(0)	64 0(0)
Kanada-Reinette	289 4(2)		311 5(1)	260 9(1)	65 1(0)	
Goldreinette v. Blenheim	156 30(8)		258 2(1)	223 4(1)	40 32(12)	101 5(5)?
Jakob Lebel	110 33(13)		89 12(2)	70 9(1)	94 50(23)	67 60(29)
Schöner von Boskoop	190 42(13)		73 48(18)	119 24(8)	256 0(0)	134 0(0)

Abb. 21. Intersterilität bei Apfelsorten (aus KOBEL, 1954)

Mitarbeitern derartige Sterilitätsgruppen bei Apfel wiedergegeben (dick umrandet). In jedem Feld ist die Zahl der bestäubten Blüten und darunter in % der Fruchtansatz nach dem Junifall und in Klammer die Zahl der reifen Früchte angegeben.

Bei Birnen ist nach K o b e l mit Sicherheit nur eine Intersterilitätsgruppe nachgewiesen worden, zu der folgende Sorten gehören: „Williams Christbirne", „Gute Luise", „Seckel", „Esperens Herrenbirne" und vielleicht auch „Frühe von Trévoux".

Sehr eingehend untersucht ist die Gruppensterilität bei den diploiden Süßkirschen, die unter ihnen sehr verbreitet ist, wie aus Abb. 22 zu entnehmen ist.

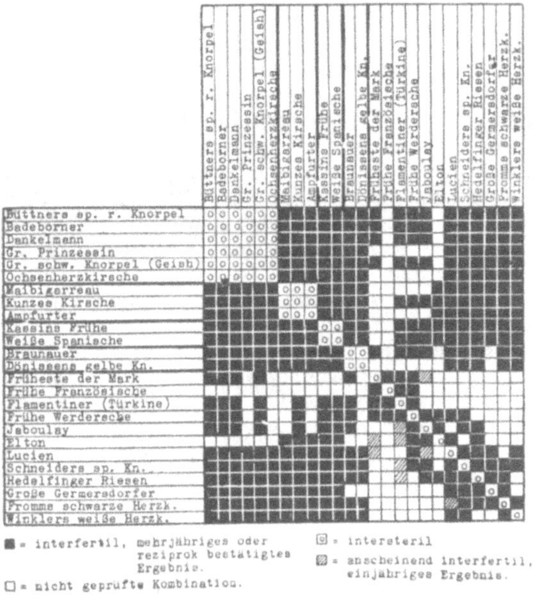

Abb. 22. Die Befruchtungsverhältnisse deutscher Kirschensorten (nach KAMLAH und KRÜMMEL aus KOBEL, 1954)

Bei den hexaploiden Pflaumen und tetraploiden Kirschen, bei denen selbstfertile und selbststerile Formen vorkommen, sind die Befruchtungsverhältnisse recht wenig geklärt. Infolge der Wirksamkeit von 6 bzw. 4 S-Allelen sind die Erscheinungen recht kompliziert. Veränderungen in der Wirksamkeit der Sterilitätsallele sind auch bei anderen Arten beobachtet worden, wenn sie vom diploiden in den tetraploiden Zustand gebracht wurden (Wildspecies von Antirrhinum).

Erhält man nach Kreuzung von zwei Sorten einen Fruchtansatz, so ist das Vorliegen einer Kreuzungsfertilität noch nicht ohne weiteres entschieden: es bleibt zunächst zu prüfen, ob eine Parthenokarpie (= Jungfernfrüchtigkeit) vorliegt, d. h. eine Fruchtbildung ohne Samen. Ist Samenansatz vorhanden, so bleibt zu prüfen, ob dieser tatsächlich aus einer Befruchtung hervorgegangen ist, oder ob *Apomixis* vorliegt, d. h. Samenbildung ohne Befruchtung. Die apomiktische Fortpflanzung kann auf verschiedene Weise erfolgen: 1. durch Entwicklung einer reduzierten oder unreduzierten Eizelle = haploide oder diploide Parthenogenesis, 2. dadurch, daß andere Kerne im Embryosack die Funktion der Eizelle übernehmen = Apogamie, 3. dadurch, daß eine diploide Zelle des Nucelles in den Embryosack wächst und dort die Funktion der Eizelle übernimmt = Nucellarembryonie.

Die apomiktische Fortpflanzung ist genetisch betrachtet der vegetativen Vermehrung gleichzusetzen. Alle aus apomiktischen Samen hervorgehenden Sämlinge sind erbgleich, sie bilden einen Klon. Der Apfel „Transparent von Croncels“ ist durch sexuelle und apomiktische Fortpflanzung ausgezeichnet. Auf die züchterische Ausnutzung der Apomixis wird bei der „Züchtung von Unterlagen“ eingegangen.

b) Auslese von Spontanmutationen

Bei allen Obstarten findet man relativ häufig das Auftreten von Trieben, die in irgendwelchen Eigenschaften abgeändert sind und die diese Veränderungen bei vegetativer Vermehrung beibehalten. Sie sind zurückzuführen auf Mutationen in der Zelle eines Vegetationspunktes während der Organdifferenzierung. Erfolgt die Mutation von einem rezessiven zu einem dominanten Allel von a zu A — oder in einem bereits heterozygoten Gen von Bb zu bb, so wird diese Mutation phaenotypisch durch Änderung eines Merkmales sichtbar, sofern sich aus der mutierten Zelle ein Sproß entwickelt. Tritt die Mutation erst relativ spät bei der Anlage eines Organs ein, so zeigt das betreffende Organ abgeänderte und normale Partien gleichzeitig; es liegt eine sog. *Sektorialchimäre* vor, wie sie besonders häufig in einer verschiedenen, streifenförmigen Färbung der Apfelschale zum Ausdruck kommt (s. Abb. 23).

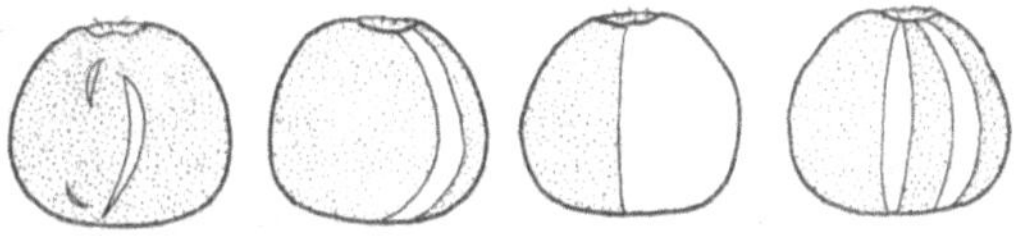

Abb. 23. Schematische Darstellung von Chimärenfrüchten beim Apfel (umgezeichnet nach SCHMIDT, 1954)

Neben den Sektorialchimären gibt es auch beim Obst *Periklinalchimären,* die dadurch gekennzeichnet sind, daß Gewebeschichten verschiedener zytogenetischer Konstitution übereinander liegen. So ist bei den Apfelsorten „Large Weatty“ und „Giant Jonathan“ die Epidermis diploid, die unteren Gewebe dagegen tetraploid. Da die Geschlechtszellen aus der ersten, subepidermalen Schicht gebildet werden, ist die Nachkomenschaft dieser Äpfel einheitlich tetraploid, sofern sie von diploiden Pollen bestäubt werden. Diese Tatsache, daß die Nachkommenschaften der Chimären stets von der genetischen Konstitution der ersten subepidermalen Schicht bestimmt wird, ist für die Beurteilung des Zuchtwertes der sog. Pfropfbastarde von Bedeutung. Auch Pfropfbastarde sind Periklinalchimären, die nach Pfropfung zweier Arten dadurch entstanden sind, daß nach einem Zurückschneiden aus der Verwachsungsstelle sich Triebe entwickelt haben, bei denen sich eine Gewebeschicht des einen Pfropfpartners unter die des anderen geschoben hat. In der Merkmalsbildung stellen die Periklinalchimären

Zwischenformen und Mosaiks dar, aber nicht mehr ihre sexuellen Nachkommen.

Bekannt sind Pfropfchimären zwischen Birne und Quitte, ferner zwischen Mandel und Pfirsich. Einen praktischen Wert haben sie nicht; sie zerfallen häufig wieder in ihre Pfropfkomponenten. — Großfrüchtige Sports erweisen sich häufig als diploide-tetraploide Periklinalchimären. Auf ihre Bedeutung für die Züchtung rein tetraploider Sorten wird weiter unten eingegangen.

Von direkter praktischer Bedeutung in der Obstzüchtung sind somatische Mutationen. Entwickelt sich aus der mutierten Zelle eines Vegetationspunktes ein Sproß, so kann ein in gewissen Merkmalen abgeänderter Trieb entstehen. Diese Veränderungen beziehen sich nicht nur auf äußere Merkmale wie die der Fruchtfarbe, Fruchtform, Schalenfarbe, Behaarung der Schale (Pfirsich), sondern auch auf physiologische Eigenschaften, wie Verschiebung der Fruchtreife nach früh oder spät (s. Abb. 24), Veränderung des Geschmacks, der Fertilität usf. — Die züchterische Bedeutung dieser Mutationen oder Sports, wie sie in der Praxis genannt werden, beruht darauf, daß bei einer Sorte nur wenige Merkmale abgeändert werden, der Sortencharakter aber weitgehend erhalten bleibt. Daß diese Mutationen auch von wirtschaftlichem Wert sein können, geht daraus hervor, daß

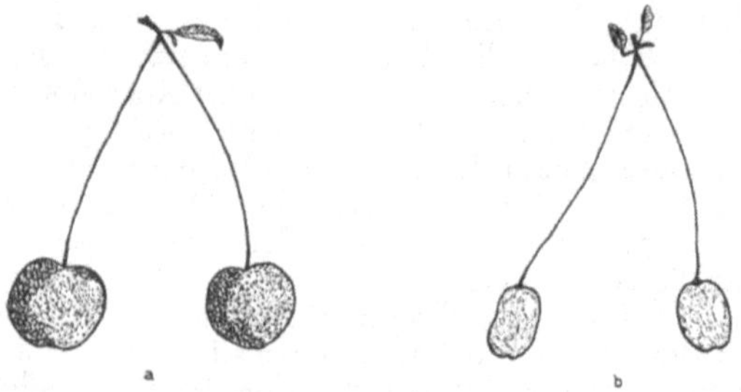

Abb. 24. Sproßmutante bei Kirschen (umgezeichnet nach SCHMIDT, 1954)
a) Ausgangsform b) spätreife Sproßmutante

viele Neuzüchtungen auf diese Weise entstanden sind. In der Tabelle 5 ist eine Übersicht über den Anteil der Neuzüchtungen in USA und Canada von 1924—1952 gegeben, die aus ausgelesenen Sports hervorgegangen sind.

Tabelle 5

Entstehung der Sorten aus somatischen Mutationen (Sports) in USA und Canada von 1924—1952.

Art	Zahl der Neuzüchtungen	Hiervon als Sports entstanden abs.	in %
Apfel	143	35	24,5
Birne	23	3	13,5
Pfirsich	226	26	11,5
Pflaume	55	4	7,27
Kirsche	20	4	20

Die Auslese und Prüfung somatischer Mutation ist also ein sehr wirkungsvolles und einfaches Zuchtverfahren zur Schaffung neuer Sorten beim Kern- und Steinobst. Hierfür ist Voraussetzung, daß der Züchter größere Pflanzungen während der verschiedenen Phasen der Jahresentwicklung durchgeht und nach abweichenden Erscheinungen fahndet. Wenn auch die Mutation relativ hoch ist, so ist doch absolut betrachtet die Zahl der gefundenen Mutanten gering, unter denen eine Selektion vorgenommen werden kann.

Was die Qualität der Mutanten betrifft, so ist der Züchter ganz auf den Zufall der ihm von der Natur dargebotenen angewiesen. Für eine systematische Züchtungsarbeit sind daher die somatischen Mutationen als Ausgangsmaterial unzureichend.

c) Kreuzungen von Sorten und Arten

Ein weit geeigneteres Material für die Auslese bilden aus Samen gezogene Nachkommenschaften. Da die Obstsorten weitgehend heterozygot und selbststeril sind und demnach durch Pollen anderer Sorten bestäubt werden, zeigt bereits die *erste* Sämlingsnachkommenschaft einer Sorte eine Aufspaltung in eine Vielzahl verschiedener Genotypen. Dies ist sowohl der Fall, wenn man von Samen aus frei abgeblühten Sorten ausgeht als auch von Samen aus Kreuzung zweier Sorten.

Das Aufspaltungsergebnis der Sämlinge aus einer frei abgeblühten Sorte hängt davon ab, welche Sorte in unmittelbarer Nähe der Muttersorte als Pollenlieferant gestanden hat. Wünscht der Züchter eine ganz bestimmte Kombination zu erreichen oder auch Einblick in die genetische Konstitution der Sorten zu erhalten, so empfiehlt es sich, künstliche Kreuzungen durchzuführen. Selbststerile Sorten brauchen nicht kastriert zu werden, doch vor dem Aufblühen müssen die Zweige in weitmaschige Stoffbeutel oder Pergamintüten zum Schutz gegen Insektenbesuch eingehüllt werden. Der Pollen wird aus Blüten entnommen, die in der gleichen Weise gegen Insektenbesuch geschützt werden; die Übertragung des Pollens erfolgt mit einer abgerissenen Blüte. Ein anderer Weg der Pollengewinnung und Bestäubung besteht darin, daß Knospen gepflückt und nach Entfernung der Blütenblätter in einen trockenen Raum bei Zimmertemperatur gelegt werden. Nach 24 Stunden öffnen sich die Staubgefäße und der Pollen wird in Petrischalen oder auf Glanzpapier gesammelt und mit Hilfe eines Pinsels auf die Narben gebracht.

Selbstfertile Sorten müssen kastriert werden. Vielfach wird eine Radikalkastration angewandt, bei der mit den Staubgefäßen ein Teil der Kelchblätter und die Blütenblätter entfernt werden, wodurch größere Mengen von Blüten bewältigt werden können. An einem eingehüllten Zweig lasse man nicht mehr bestäubte Blüten stehen, als der Zweig Früchte zu tragen vermag. Die nach einer Kreuzbefruchtung sich entwickelnden Früchte schließe man wiederum in einen Beutel ein, um sie beim vorzeitigen Abfall vor Verlust zu schützen.

Da das Kreuzungsergebnis sehr stark von der Gunst der Umweltbedingungen abhängt, werden die Kreuzungen gern in Vegetationshäusern vorgenommen, wozu die Kreuzungseltern auf schwachwüchsiger Unterlage in großen Töpfen angezogen werden. Bei dieser Kultur ist es auch möglich, durch eine individuelle Gestaltung der Umweltfaktoren verschiedene Blütezeiten der Eltern anzugleichen, oder in einer anderen, erwünschten Weise ihre Entwicklung zu beeinflussen.

Die gewonnenen Samen werden nach der Stratifizierung ausgesät, pikiert und später verpflanzt. Die anfangs in Müncheberg geübte Praxis, von dem einjährigen Sämling bereits eine Veredelung auf einer schwachwüchsigen Unterlage vorzunehmen, hat sich nicht allgemein bewährt. Die Veredlung kommt nicht immer früher zum Blühen als der auf eigener Wurzel stehende Sämling. Es empfiehlt sich daher erst eine 2—3jährige Vorauslese, die sich auch auf die Fruchtgüte erstreckt, in den Beobachtungsquartieren vorzunehmen und dann die geeignet erscheinenden Sämlinge zu vermehren und in eine Leistungsprüfung zu stellen. Da das Fruchten der Sämlinge nicht vor dem 6. Jahr, dem Abschluß des Jugendstadiums, einsetzt, kann demzufolge die Leistungsprüfung nicht vor dem 10. Jahr beginnen. — Die lange Zeitspanne zwischen zwei Generationen bedeutet eine große wirtschaftliche Belastung des Zuchtbetriebes; dafür kann aber sehr häufig bereits in der ersten Nachkommenschaft das Zuchtziel erreicht werden. Durch die vegetative Vermehrung der Obstarten wird der Zuchterfolg sofort fixiert; eine Konstanzzüchtung ist nicht notwendig.

Wesentlich für den Zuchterfolg ist die Auswahl der richtigen Eltern. Da aber die Obstarten sehr heterozygot sind, kann man aus dem Phaenotyp einer Sorte nur schwer Schlüsse auf ihre genetische Konstitution und die ihrer Nachkommenschaft ziehen. Hinzu kommt, daß das Kombinationsergebnis in der Nachkommenschaft von der genetischen Zusammensetzung der jeweils als Pollenspender dienenden Vatersorte abhängt, die ebenfalls eine unbekannte Größe ist.

Genetische Analysen über den Erbgang wirtschaftlich wichtiger Merkmale, ob Dominanz oder Rezessivität vorliegt und über die Zahl der wirksamen Gene, sind also recht schwer durchzuführen. Hierbei wirkt nicht nur die Heterozygotie der Elternsorten und die Länge der Generationsfolgen, sondern auch die chromosomale Struktur der Äpfel und Birnen als abgeleitete Polyploide; die polygen bedingte Vererbung quantitativer Merkmale macht eine faktorielle Deutung der Aufspaltungsergebnisse von Sämlingsnachkommenschaften fast unmöglich. Die bisher in dieser Richtung durchgeführten Versuche bestätigen die Vermutungen. Nur in wenigen Versuchen werden einfache Mendelspaltungen wie in der Rotfärbung der Laubblätter und bei chlorophylldefekten Formen gefunden. Die Aufzucht von Selbstungsnachkommenschaften wird bei Äpfeln und Birnen sehr erschwert durch ihre starke Selbststerilität und die starken Inzuchtschwächungen der Nachkommenschaften. Der Obstzüchter kann also auch in Zukunft keine wesentliche Unterstützung seiner Zuchtarbeiten durch genetische Analysen wertbestimmender Merkmale erwarten.

Es bleibt daher nur der Weg der phaenotypischen Analyse von Nachkommenschaften verschiedener, frei abgeblühter Sorten und Kreuzungen von Sorten untereinander, um den Zuchtwert der einzelnen Sorten zu ermitteln. Hierbei wird der prozentuale Anteil bestimmter Eigenschaften und Merkmalskombinationen in den einzelnen Nachkommenschaften ermittelt und vor allem festgestellt, wie *weit* sich die Nachkommenschaften hierin unterscheiden.

Ist der Zuchtwert von Sorten auf diese Weise ermittelt worden, so können *zielbewußte* Kreuzungen vorgenommen werden. Die *Wahrscheinlichkeit*, mit der ein erstrebtes Zuchtziel verwirklicht wird, ist nach Kreuzung derartig analysierter Sorten erheblich größer, als wenn die Auswahl der Kreuzungseltern lediglich auf der Grundlage ihre Leistungsfähigkeit, d. h. nach ihrem Phaenotyp erfolgt.

Es ist das große Verdienst von M a r t i n S c h m i d t, das in Deutschland größte Zuchtmaterial von Kern- und Steinobst im Erwin-Baur-Institut Müncheberg einer derartigen Analyse unterzogen und damit in Deutschland die Obstzüchtung auf eine sichere Grundlage gestellt zu haben.

– Im folgenden werden daher einige Ergebnisse Schmidts aus den Analysen von Apfelsämlingen mitgeteilt, die als Beispiele für viele zeigen, wie derartige Untersuchungen für die praktische Züchtung eingesetzt werden können.

Ein sehr wichtiges Merkmal ist der Eintritt der Ertragsfähigkeit. Wenn diese Eigenschaft auch stark durch verschiedene Unterlagen modifiziert werden kann, so ist sie doch sortenspezifisch bedingt; die Relationen zwischen den Sorten bleiben auf unterschiedlichen Unterlagen erhalten.

Während z. B. „Gelber Bellefleur“, eine Sorte mit einem mittelfrühen Eintritt der Ertragsfähigkeit nach freiem Abblühen 50,3 % Sämlinge erbringt, zeigt die Nachkommenschaft der Kreuzung „Weißer Klarapfel“ × „Apfel aus Croncels“, also von zwei frühen Sorten, nur späte Sämlinge. Auch in der Nachkommenschaft der Kreuzung „Baumanns Reinette (früh)“ × „Klarapfel (früh)“ sind keine frühen Sämlinge enthalten. Ebenso verhalten sich die Nachkommenschaften dieser beiden Sorten nach freiem Abblühen. Der späte „Danziger Kantapfel“ bringt dagegen überraschend viele Sämlinge mit einem frühen Eintritt der Ertragsfähigkeit.

Diese Untersuchungen zeigen deutlich, wie man keineswegs von dem Phaenotyp einer Sorte auf ihren Genotyp schließen darf, und geben Hinweise, welche Kreuzungen zur Erreichung eines bestimmten Zuchtzieles ausgeführt werden müssen.

Wie sich nun *ein* Sämling bekannter Ertragszeit auf verschiedenen Unterlagen verhält, ist eine weitere Aufgabe, die nach der ersten Selektion vom Züchter zu klären ist.

Wichtige Merkmale für die Selektion sind auch der Eintritt der Blühzeit und die Dauer der Blüte. Bezüglich des Zeitpunktes des Blühbeginns zeigen die Nachkommenschaften überwiegend ein binomiale Verteilung; die Masse der Sämlinge hat eine mittlere Blütezeit. Dagegen zeigen Nachkommenschaften, an denen der „Weiße Wintertaffetapfel“ und „Königlicher Kunstiel“ beteiligt sind, überwiegend spätblühende Sämlinge. Auch in der Blühdauer zeigen die

Sämlings-Nachkommenschaften eine Aufspaltung, wenn auch mit geringer Variationsbreite. Aus „Geheimrat Dr. Oldenburg“ gehen sowohl Sämlinge mit sehr kurzer als auch sehr langer Blühdauer hervor, während „Landsberger Reinette“ vorwiegend langblühende Sämlinge erzeugt. Auch in dieser Eigenschaft der Blühzeit und Blühdauer zeigen sich keine Beziehungen zwischen Elternsorten und ihren Nachkommenschaften.

Die Ergebnisse, die bei der Analyse der Reifezeit erhalten wurden, weisen in die gleiche Richtung wie die bereits behandelten Eigenschaften. Bringt man die Reifezeitklassen der Nachkommenschaft mit den drei Gruppen der Sommer-, Herbst- und Winteräpfel in Übereinstimmung, so erkennt man u. a., daß in der Nachkommenschaft des Herbstapfels „Geheimrat Dr. Oldenburg“ 11,9 % Sommeräpfel auftreten und daß aus der Kreuzung der beiden Sommersorten „Weißer Klarapfel“ und „Apfel aus Croncels“ nur 28 % Sommeräpfel, dagegen 68 % Herbstäpfel und 4 % Winteräpfel entstehen.

In allen Reifeklassen kommen Sämlinge mit sehr begrenzter und längerer Haltbarkeit vor. Eine kurze Haltbarkeit wird nicht nur bei frühen Sämlingen beobachtet, sondern auch bei Sämlingen mit spätem Eintritt der Genußreife. Da somit beide Eigenschaften unabhängig voneinander vererben, ist auch die erwünschte Kombination der frühen Genußreife mit langer Haltbarkeit realisierbar.

Ganz ähnlich liegen die Beziehungen zwischen Reifezeit und Frostresistenz. Wenn auch ein kausaler Zusammenhang zwischen Frühreife und Frostresistenz derart besteht, daß durch den frühen Triebabschluß und die damit verbundene Ausreife des Holzes der frühen Sorten ihre Frostresistenz günstig beeinflußt wird, so kommen doch auch frostharte Sämlinge mit später Furchtreife vor, d. h. die Kombination späte Reife mit Frostresistenz kann verwirklicht werden.

Auch hinsichtlich der Güteeigenschaften zeigen die einzelnen Sorten einen recht unterschiedlichen Zuchtwert, wie die nachfolgende Zusammenstellung zeigt, in der die Beurteilung nach dem Anteil der Sämlinge mit Tafelapfelcharakter erfolgt:

Geheimrat Dr. Oldenburg × Cox Orange Reinette	33,3 % Tafeläpfel
London Pepping × Ontario	28,1 % Tafeläpfel
Geheimrat Dr. Oldenburg frei	19,4 % Tafeläpfel
Jonathan frei	18,7 % Tafeläpfel
Wintergoldparmäne	4,8 % Tafeläpfel
Weißer Klarapfel × Apfel aus Croncels	4,0 % Tafeläpfel
Kaiser Wilhelm frei	3,6 % Tafeläpfel

Ein ganz besonders wichtiges Zuchtziel beim Kernobst besteht in der Erhöhung der Frostresistenz. Wie dringend diese Aufgabe ist, haben die starken Verluste in den strengen Wintern 1939/40, 1941/42 und 1946/47 und 1955/56 gezeigt. Die Erhöhung der Frostresistenz bezieht sich einmal auf die Resistenz der Wurzel und der oberirdischen Holzkörper gegen niedere Temperaturen im Winter und zum anderen auf die der Blütenorgane gegen Spätfröste; diese kann auch indirekt durch einen späten Blühaustrieb erreicht werden. — Die Arbeiten in Müncheberg haben nun das interessante Ergebnis gebracht, daß nicht nur gewisse frostresistente Sorten diese Eigenschaften auf ihre Nachkommen übertragen, sondern daß auch in der Nachkommenschaft frostempfindlicher Sorten frostresistente herausspalten.

Als Ausgangsform für die Züchtung frostharter Sorten eignen sich ganz besonders: „Danziger Kantapfel“, „Schöner von Nordhausen“, „Apfel aus Croncels“, „Weißer Klarapfel“, die Sorten des Antonowkakreises und Lokalsorten aus Osteuropa. Zu den frostempfindlichen Sorten mit besonders hoher Qualität, aus denen in der Nachkommenschaft aus freier Abblüte frostresistente Sämlinge hervorgehen, gehören: „Wintergoldparmäne“, „Geheimrat Dr. Oldenburg“ und „Cox Orange“.

Daß es möglich ist, hohe Frostresistenz mit Gütemerkmalen wie gutem Geschmack, ansprechender Färbung und langer Haltbarkeit zu verbinden, beweisen die Sämlinge aus folgenden Kreuzungen:

Weißer Klarapfel × Baumanns Reinette
Apfel aus Croncels × Wintergoldparmäne
Baumanns Reinette × Apfel aus Croncels
Cox Orange Reinette × Schöner aus Nordhausen
Ananas Reinette × Charlamowski

Durch diese Analysen vieler verschiedener Sämlingsnachkommenschaften konnte einmal die Züchtung auf Frostresistenz auf eine sichere Grundlage gestellt werden, indem nunmehr nur ganz bestimmte Kreuzungen im großen Umfange durchgeführt zu werden brauchen, aus denen die gewünschte Form mit großer Wahrscheinlichkeit gefunden werden kann. Zum weiteren hat es sich herausgestellt, daß man zur Erzielung frostharter Sorten nicht den so mühsamen Weg der Kreuzung unserer Kultursorten mit Wildarten wie Malus zumi, M. baccata, M. pruniflora, M. niedzwetskyana u. a. zu gehen hat, wie ihn die Züchter von Canada, USA und Rußland beschritten haben. Die Eigenschaften der Wildarten wie die besonders kleine Frucht und der schlechte Geschmack sind weitgehend dominant, so daß die Bastarde noch einmal mit dem Kulturelter rückgekreuzt werden müssen. Auch in der ersten Rückkreuzungsgeneration wird man selten bereits die gewünschte Kombination von hoher Frostresistenz mit den erforderlichen Gütemerkmalen finden, so daß noch eine zweite Rückkreuzung mit dem Kulturelter folgen muß*). Dagegen dürften sich nach Schmidt die F_2-Bastarde mit Malusarten wegen ihrer Robustheit und Fruchtbarkeit für Pflanzungen an Autobahnen und Parkanlagen eignen. Ihre Früchte sind durch einen hohen Gehalt an gelierkräftigen Pektinen für eine Früchteverwertung sehr geeignet.

Auch bei der Züchtung von Sorten, die gegen den Apfelschorf (Venturia inaequalis) resistent sind, ist der Züchter

*) In Kreuzungen mit M. niedzwetskyana, einer Varietät von M. pumila, sind diese Schwierigkeiten bedeutend geringer, da es bei dieser relativ großfrüchtige Formen gibt. Sie ist ein günstiger Elter für die Kombinationszüchtung besonders auf Frostresistenz (Granhall und Oldén).

nach neueren Erfahrungen nicht auf die Einkreuzung von resistenten Wildarten angewiesen. Schmidt fand nämlich unter 68 016 Sämlingen, die aus Kreuzungen von Kultursorten untereinander hervorgegangen sind, 787 Sämlinge (= 0,53 %), die nach einem künstlichen Masseninfektionsverfahren im ersten und zweiten Jahr nicht befallen worden waren. Eine polnische Antonowka-Herkunft erwies sich als ein besonders günstiger Vererber für Resistenz; unter 1638 Sämlingen dieser Sorte waren 117 resistent, d. s. 7 % gegen 0,53 % im Durchschnitt der anderen Kreuzungen. In diesem Zusammenhang dürfte auch ein Vergleich von Kreuzungen mit Wildarten interessieren.

Wild-Malusarten × Kultursorten
= 9,96 % resistente Sämlinge
(Wild × Kultur) × Kultur
= 9,00 % resistente Sämlinge
Wild-Malus × Wild-Malus
= 89,18 % resistente Sämlinge

Diese von Schmidt am Müncheberger Zuchtmaterial durchgeführten Analysen haben einen wesentlichen Beitrag geleistet, die Kreuzungs- und Auslesezüchtung bei Äpfeln auf eine sichere Grundlage zu stellen. Sie sind beispielgebend dafür, wie der Züchter bei der Verbesserung von Obstarten, deren genetische Konstitution und deren Zuchtwert ihm unbekannt sind, verfahren sollte; es muß zunächst eine möglichst große Zahl von Testkreuzungen durchgeführt werden; alsdann wird aus der phaenotypischen Analyse ihrer Nachkommenschaft der Zuchtwert der Kreuzungseltern erschlossen; und schließlich werden große Nachkommenschaften aus Kreuzungen der Sorten mit bekanntem Zuchtwert zur Auslese hergestellt.

Bei den zur Ermittlung des Zuchtwertes der Sorten beschriebenen Versuchen waren auch schon die wesentlichen Zuchtziele gestreift worden, die heute bei der Schaffung von Apfel-Neuzüchtungen erstrebt werden. Ganz ähnlich liegen die Zuchtziele bei der *Birne,* nur daß hier viel weniger über den Zuchtwert der Sorten bekannt ist und das bisher bekannte Ausgangsmaterial zur Verwirklichung der Zuchtziele viel weniger günstig liegt. Dies trifft ganz besonders für die Züchtung frosthärterer Sorten zu. Die sich bisher als resistent erwiesenen Sämlinge haben keine Fruchtqualität. Als Zuchtmaterial auf breiter Grundlage sollten Mostbirnensorten und Zufallssämlinge (sogenannte Wildlinge) für Kreuzungen und Auslese verwandt werden. Auf Kreuzungen mit frostresistenten Formen wilder Pirus-Arten wie P. ussuriensis, P. elaeagrifolia, P. salicifolia, P. betulifolia wird man erst zurückgreifen, wenn alle Möglichkeiten der Kultursortenkreuzungen ausgeschöpft sind. — Da Unterschiede in der Anfälligkeit gegen den Birnenschorf zwischen den Sorten bestehen, dürfte die Züchtung resistenter Sorten aus Kreuzungen von Kultursorten untereinander nicht aussichtslos sein.

Auch bei den *Kirschen* ist die Erhöhung der Frostresistenz ein wichtiges Zuchtziel. Als Ausgangsmaterial hierzu wird man zunächst auf robuste Lokalsorten zurückgreifen, d. h. von diesen Sämlinge aufziehen, die aus freiem Abblühen oder aus Kreuzung mit hochwertigen Kultursorten entstanden sind. — Bei den Schattenmorellen werden Monilia-resistente Formen erstrebt. Nach Schmidt befanden sich unter 2000 Sämlingen von Schattenmorellen resistente Sämlinge, die aber nicht dieselbe Qualität wie die Schattenmorelle aufwiesen. Auch unter den Rückkreuzungsprodukten von (Schattenmorelle × Süßkirschen) × Süßkirschen befanden sich resistente Sämlinge. — Bei den Süßkirschen ist vor allem die Qualität der Frühsorten verbesserungsbedürftig. Aus der Kreuzung „Früheste der Mark“ × „Flamentiner“ gelang es, dieses Zuchtziel zu erreichen (Schmidt).

Für die Erhöhung der Frostresistenz bei Pflaumen empfiehlt Schmidt Kreuzungen von Reineclauden × Schlehe. An weiteren Zuchtzielen, besonders bei der deutschen Hauszwetsche seien genannt: Hoher Zuckergehalt, leichte Steinlöslichkeit, geringer Steinanteil, Eignung zur Musherstellung und zum Dörren und Selbstfertilität.

Auch Aprikose und Pfirsich bedürfen einer Erhöhung der Frosthärte; dazu treten als weitere Zuchtziele bei Pfirsich Frühreife, Großfrüchtigkeit und leichte Lösbarkeit der Steine und bei Aprikosen späte Blütezeit.

d. Auslösung von Mutationen

Die Tatsache, daß die Züchtung neuer Sorten aus Sämlingen, die aus den Samen frei abgeblühter Mutterbäume oder aus zielbewußten Kreuzungen hervorgegangen sind, recht langwierig ist, und die weitere Tatsache, daß viele wertvolle Sorten auf die Auslese spontaner somatischer Mutationen, der Sports, zurückgehen, legt die *experimentelle* Auslösung von Mutationen als Züchtungsmethode nahe. Der Vorteil dieser Methode liegt in ihrer schnellen Durchführbarkeit. Da die Sorten in der Mehrzahl der Gene heterozygot sind, wirkt sich eine somatische Mutation von einem dominanten zu einem rezessiven Allel (Aa → aa) bereits phaenotypisch in einer bestimmten Merkmalsbildung aus, sofern aus dieser mutierten Zelle sich ein Sproß entwickelt. Es braucht also nicht wie bei homozygoten Sorten der Weg über die X_2-Generation genommen zu werden, in der erst die rezessiven Mutationen als sichtbare Phaenotypen herausspalten (AA → Aa → aa). Auch der Flächenbedarf ist bei einer Mutationszüchtung erheblich geringer als bei einer Kreuzungszüchtung. Ein weiterer, wichtiger Vorteil besteht darin, daß durch *eine* Mutation der allgemeine Sortencharakter der Ausgangsform wenig verändert wird. Jede sich als brauchbar erweisende Mutation kann vegetativ vermehrt werden.

Als mutationsauslösendes Agens sind in erster Linie Röntgenstrahlen anzuwenden. Hierzu werden gebündelte Reiser vor dem Austreiben der Knospen der Bestrahlung ausgesetzt und danach auf Unterlagen oder in die Kronen älterer Bäume veredelt. Für Äpfel und Birnen haben sich Dosen von 5000 r und für Kirschen und Pflaumen von 2–3000 r als geeignet erwiesen. Als Primäreffekt der Bestrahlungen stellen sich gewisse Schädigungen ein, wie Verbräunung der Rinde, Gabelung der Triebe, Asymmetrie der Blätter u. a. Die erhaltenen Mutationen sind in qualitativer Hinsicht den spontan auftretenden ganz ähnlich; vor allem finden sich Änderungen der Fruchtschale, vielfach in Form von Sektorialchimären, Veränderung der Fruchtform, der Reifezeit, Chlorophylldefekte u. a. (Granhall 1954). Die Erzeugung von Röntgenmutationen kann daher als aussichtsreiche Zuchtmethode angesehen werden, besonders wenn es gelingt, durch eine Verbesserung der Versuchstechnik die Zahl der *aufgefundenen* Mutanten zu erhöhen. In dieser Richtung haben sich die Gedankengänge von Kaplan (1953) und neue, erste Versuche an Ribes als außerordentlich fruchtbar erwiesen.

Kaplan geht von dem Gedanken aus, daß nach Bestrahlung vielzelliger Meristeme, wie es nach Bestrahlung von Obstreisern der Fall ist, Zellen verschiedener genetischer Konstitution, d. h. ein genetisches Mosaik entsteht. In einer derartigen Zellpopulation findet eine intraindividuelle Selektion statt, indem mutierte Zellverbände, die sich als Setkoren oder Flecken auch phaenotypisch manifestieren können, wieder zurückgedrängt werden können. Er empfiehlt daher ein Zurückschneiden der Triebe, die sich aus einem bestrahlten Gewebe entwickelt haben, um einer möglichst großen Zahl von mutierten Zellen, die sich noch in der Basis des bestrahlten Gewebes befinden, die Möglichkeit zur Sproßbildung zu geben. Tatsächlich gelang es nach Rückschneiden bestrahlter Ribesreiser, eine Vielzahl mutierter Zellen zum Austreiben zu veranlassen. Die hieraus hervorgehenden Triebe zeigten Mutationen verschiedenster Art.

Auf diesen Gedanken und Versuchen Kaplans aufbauend, hat auch Zwintscher die bisher vornehmlich von schwedischen und amerikanischen Forschern angewandte Bestrahlungstechnik beim Kern- und Steinobst weiter entwickelt. Er benutzt an Stelle von Reisern junge Baumschulbäume, die zur Bestrahlung ausgegraben werden, um das durch die Bestrahlung verursachte schlechte Anwachsen der Reiser auf der Unterlage zu umgehen. Vor der

Bestrahlung wird die Krone bis auf einen Haupttrieb mit drei bis vier Knospen und zwei Seitentrieben zurückgeschnitten. Zur Lenkung der intraindividuellen Selektion werden im August sämtliche Langtriebe bis auf ein bis drei Augen zurückgeschnitten, nachdem die fünf nächsten Augen dieser Triebe auf Unterlagen okuliert worden sind. Dieser Vorgang des Rückschneidens auf das bestrahlte Ausgangsgewebe wird mehrere Male wiederholt, wobei immer wieder eine Isolierung der unteren Augen durch Okulation auf Unterlagen erfolgt.

Als mutationsauslösendes Agens kann auch die β-Strahlung von radioaktiven Phosphor- und Schwefelisotopen, P^{32} und S^{35} (Ehrenberg und Granhall 1952), verwendet werden. Hierzu werden Reiser mit Beginn der Schwellung der Knospen in wässerige Lösungen der Isotopen getaucht. Noch einfacher und wirkungsvoller gestaltet sich die Anwendung von Injektionen in unmittelbarer Nähe der Knospen mit Hilfe besonders feiner und dosierbarer Spritzen. Die Schwierigkeit einer genauen Dosierung ist ein Nachteil der Isotope gegenüber den Röntgenstrahlen und auch ein Nachteil der Anwendung von γ-Strahlen durch Kobalt ^{60}. Dieses Element wurde von Ehrenberg und Granhall in der Weise verwandt, daß es im Versuchsgarten auf einem Gerüst in einem Rohr montiert wurde, von dem aus die im Umkreis befindlichen, verschiedenen Versuchspflanzen bestrahlt wurden. .

Wenn auch mit Hilfe der künstlichen Mutationsauslösung noch keine neuen Obstsorten gezüchtet worden sind, so verdient doch diese Methode auf Grund der bisherigen erfolgreichen Versuche und der Erfolge bei anderen Kulturpflanzen die stärkste Beachtung. Ob es sich bei diesen Mutationen um sogenannte Genmutationen ohne sichtbare Strukturveränderung der Chromosomen handelt oder um mehr oder weniger grobe Strukturveränderungen (= Chromosomenmutationen), wie sie vor allem durch Stückverluste von Chromosomen gekennzeichnet werden, bleibt für die Züchtung vegetativ vermehrter Obstarten von untergeordneter

Bedeutung. Derartige Chromosomenmutationen sind nur bei durch Samen vermehrten Kulturarten von Nachteil, da sie Fertilitätsstörungen verursachen können.

Auch eine andere Kategorie von Chromosomenmutationen, die durch eine Verdoppelung ganzer Chromosomensätze gekennzeichnet ist und zu den polyploiden Formen führt, ist für die Obstzüchtung von großem Interesse. Sie wird im folgenden Abschnitt näher besprochen.

e. Erzeugung polyploider Sorten

Unter Außerachtlassung der wohl fundierten Hypothese, daß Malus und Pirus abgeleitete Polyploide mit der Grundzahl x = 7 sind (s. S. 117), können alle Äpfel- und Birnensorten mit 2n = 34 als diploid, mit 2n = 51 als triploid und mit 2n = 68 Chromosomen als tetraploid bezeichnet werden. Es ist überraschend, daß unter den Kultursorten des Apfels relativ viele, und zwar qualitativ hochwertige und robuste Sorten sich befinden, die triploid sind; in USA sind es etwa ¼ der Sorten. Dagegen ist nur eine tetraploide Sorte bekannt, „Cola Wild Crabapple“, diese Varietät wurde 1922 von N. E. Hansen in Süddakota eingeführt; sie kann aber nach Einset (1952) kaum als Handelssorte klassifiziert werden.

Bei Birnen ist die Sorte „Fertility“ tetraploid.

Die bestehenden triploiden Sorten sind wahrscheinlich aus diploiden hervorgegangen, und zwar durch Befruchtung einer unreduzierten Eizelle mit einem normalen haploiden Pollen (34 + 17 = 51). Einset fand unter 6825 Sämlingen, die von 11 diploiden Sorten abstammten, 19 triploide; sie treten demnach im Durchschnitt in einer Häufigkeit von 1 : 359 auf. Einzelne Sorten erbrachten überhaupt keine triploiden Sämlinge. — Die rein auf den Zufall angewiesene Auslese triploider Sämlinge aus diploiden Sorten ist also ein Weg zur Züchtung der so erwünschten triploiden.

In ganz systematischer Weise lassen sich aber triploide Sorten durch Kreuzung von diploiden mit tetraploiden gewinnen, die in ihrer Nachkommenschaft nur triploide Sämlinge ergeben. Hierzu ist aber das Vorhandensein tetraploider Sorten eine Voraussetzung. Diese gewinnt man mit größter Wahrscheinlichkeit aus den Nachkommen triploider Sorten. In der Reifeteilung 51-chromosomiger Sorten werden infolge Paarungsanomalien aneuploide Geschlechtszellen gebildet, d. h. Geschlechtszellen mit Chromosomenzahlen zwischen 17 und 34. Aus der Vereinigung 34-chromosomiger Geschlechtszellen ist dann ein tetraploider Sämling zu erwarten. Auf Grund zytologischer Untersuchungen ist aber ihre Entstehung aus der unreduzierten Eizelle eines triploiden Baumes, die mit dem Pollen einer diploiden Sorte befruchtet wird, wahrscheinlicher (51 + 17 = 68).

In den schwedischen Versuchen (Granhall und Oldén) wurden aus 225 641 Samen frei abgeblühter triploider Sorten 93 tetraploide Samen gewonnen, und zwar aus:

Schöner von Boskop	9
Reinette von Canada	11
Ribiten	13
Aus Lokalsorten	7
Gravensteiner	3
Damason Reinette	2
Mère de Ménage	48

In den amerikanischen Versuchen (Einset) wurden in den Nachkommenschaften anderer triploider Sorten 148 tetraploide Sämlinge gefunden, und zwar im Verhältnis 1 : 38.

Interessant ist, daß tetraploide Sämlinge nicht nur aus triploiden Sorten, sondern auch aus diploiden gewonnen werden können, und zwar durch die Vereinigung einer unreduzierten Eizelle mit einem unreduzierten Pollenkorn (34 + 34 = 68), ein Ereignis, das aber außerordentlich selten eintritt.

Ein weiterer Weg, reine tetraploide Sorten zu gewinnen, ist die Verwendung von Periklinalchimären, die aus diploiden und tetraploiden Gewebeschichten bestehen. Ist die Epidermis diploid, aber die erste, subepidermale Schicht tetraploid, so bildet eine derartige Periklinalchimäre nur diploide Gameten; bei Bestäubung durch eine gleichartige Periklinalchimäre oder eine tetraploide Sorte entsteht eine rein tetraploide Nachkommenschaft, durch Bestäubung mit einer diploiden Sorte eine rein triploide Nachkommenschaft. Da, wie bereits oben ausgeführt, das sporogene Gewebe, aus dem die Geschlechtszellen entstehen, aus der ersten subepidermalen Schicht stammt, haben die hier gebildeten Geschlechtszellen alle dieselbe Chromosomenzahl. Ist dagegen auch diese Schicht diploid und nur die innere Schicht der Periklinalchimäre tetraploid, so kann durch Bewurzelung eines Reises eine rein tetraploide Pflanze gewonnen werden, da sich die Wurzeln aus dem Perizykel bilden. Hierzu werden ein Jahr alte Reiser einer Chimäre auf eine Ammenwurzel gesetzt, um die Bildung eigener Wurzeln zu erleichtern, und nach dem Einpflanzen angehäufelt. Wird nach zwei Jahren die Ammenwurzel entfernt und der junge Baum wieder eingepflanzt, erweisen sich die eigenen Wurzeln als rein tetraploid (E i n s e t).

Auch durch Colchicinbehandlung lassen sich tetraploide Pflanzen gewinnen. Einfach ist die Behandlung von keimenden Samen. Der Nachteil der Samenbehandlung besteht darin, daß die Sämlinge mindestens sechs Jahre bis zur Blüte benötigen und ihre genetische Konstitution bzw. der Genotyp bei allen heterozygotischen Obstarten unbekannt ist; die genetische Konstitution des Ausgangsmaterials ist aber entscheidend für den Erfolg des Polyploidieeffektes. Günstiger liegen die Verhältnisse bei den selbstfertilen und daher weitgehend homozygoten Pfirsich- und Aprikosensorten.

Auch bei einer speziellen Aufgabe der Pflaumenzüchtung dürfte die Sämlingsbehandlung am Platze sein. Die hexaploiden Pflaumen und Zwetschen sind amphidiploide Bastarde, die aus der Kreuzung der diploiden Kirschpflaume mit der tetraploiden Schlehe mit nachfolgender Chromosomenverdoppelung hervorgegangen sind. In Analogie zu den Erfahrungen bei anderen amphidiploiden Kulturpflanzen kann es zur Gewinnung eines neuen, breiteren

Auslesematerials von Vorteil sein, diesen Vorgang der natürlichen Synthetisierung einer Kulturart noch einmal zu wiederholen. Im vorliegenden Falle sind also umfangreiche Kreuzungen zwischen Kirschpflaume und Schlehe auszuführen und die triploiden Samen (8 + 16 = 24) bei ihrer Keimung zu colchicinieren.

Die Behandlung von Vegetationspunkten älterer Pflanzen zur Erzeugung polyploider Sprosse ist insofern schwieriger zu handhaben, als in der Mehrzahl zytologische Mosaiks entstehen, aus denen infolge einer intraindividuellen Konkurrenz die Isolierung polyploider Sprosse nicht immer gelingt.

Die anderen geschilderten Methoden zur Gewinnung polyploider Formen beim Kern- und Steinobst sind aber so gut fundiert und leicht einzusetzen, daß sie auf breiter Basis in der praktischen Sortenzüchtung verwendet werden können. Die ersten, mit ihnen erzielten Resultate sind sehr ermutigend.

Wenn auch beim Apfel die Erzeugung tetraploider Formen ursprünglich nur Mittel zum Zweck gewesen ist, nämlich zur Erzeugung triploider Sorten aus Kreuzungen von diploiden mit tetraploiden, so haben doch die in den schwedischen Versuchen erzeugten tetraploiden Sorten auch recht interessante Ergebnisse in anderer Hinsicht ergeben. In den Versuchen von Granhall liegt das Fruchtgewicht der Tetraploiden zwischen 400—700 g gegen etwa 100 g der Diploiden. Von großer praktischer Bedeutung ist die relativ hohe Selbstfertilität der tetraploiden „Schöner von Boskop"-Sämlinge, die einen Fruchtansatz von etwa 10 % mit je fünf Samen pro Frucht zeigen. Interessant ist ferner, daß unter den tetraploiden Sämlingen der triploiden Ribiten sich eine Transgression in der Frostresistenz zeigt.

Die Züchtung selbstfertiler Süßkirschen über den Weg der Polyploidie ist ein sehr lohnendes Zuchtziel. Eine von Danielsson beschriebene natürliche Tetraploide von Prunus avium war aber insofern enttäuschend, als bei dieser Form nach reichlicher Blüte bald nach der Befruchtung die

Früchte abfallen. Die Pollenentwicklung ist sehr spärlich und auch die durchgeführten Kreuzungen mit den tetraploiden Sauerkirschen brachten nur einen Fruchtansatz von 2 %. Trotz dieser ersten Mißerfolge kann bei Verwendung eines größeren, tetraploiden Materials von Prunus avium der gewünschte Erfolg dennoch eintreten.

In diesem Zusammenhang ist der von Schelhorn beschriebene triploide „Theissinger Sämling" von größtem Interesse, der reinen Süßkirschencharakter hat und von auffallender Wüchsigkeit ist. Hier könnte man in analoger Weise wie bei den triploiden Äpfeln aus den Nachkommenschaften tetraploide Sämlinge und damit ein neues Ausgangsmaterial für die genannten Zuchtaufgaben gewinnen.

2. Züchtung von Unterlagen

a. Allgemeine Aufgaben

Die Leistung einer Sorte von Kern- und Steinobst hängt, wie bereits auf Seite 116 dargelegt, nicht nur vom Genotyp der Edelsorte ab, sondern auch vom Genotyp der Unterlage, auf der die Edelsorte durch Pfropfung oder Okulation vegetativ vermehrt wird. Ist eine neue Edelsorte neu gezüchtet worden, so gilt es die für sie passende Unterlage ausfindig zu machen, wobei die Auswahl der Unterlage nicht allein vom gegenseitigen Genotyp, von dem „Zueinanderpassen", der beiden Pfropfsymbionten bestimmt wird, sondern auch von der Art der wirtschaftlichen Nutzungsform und den Umweltfaktoren, besonders Boden und Klima. Die züchterische Verbesserung der Unterlagen ist daher eine nicht weniger wichtige Aufgabe als die von Edelsorten.

Das Ziel der Unterlagenzüchtung ist ganz allgemein ausgedrückt die Erzeugung von Unterlagen, die für verschiedene Gruppen von Edelsorten sich als geeignet erweisen. Zu dieser allgemeinen Eignung gehört vor allem eine gute Affinität zwischen den Pfropfsymbionten, eine günstige Beeinflussung des Reises durch die Unterlage, vor allem in Hinsicht auf Eintritt einer frühen Fruchtbarkeit, einer reichlichen Blüte, eines hohen Ertrages, auch in qualitativer Hinsicht der Frucht, auf Standfestigkeit, Langlebigkeit, Resistenz gegen ungünstige Umweltbedingungen u. a. Die Unterlage selbst muß ein gutes Wurzelsystem ausbilden, widerstandsfähig gegen Frost und verschiedene Krankheiten sein, Blutlausbefall, Wurzelkropf, Schorf, Mehltau u. a. Gerade bei Birnen und Pflaumen ist ein großes Bedürfnis nach frostharten Unterlagen vorhanden.

Bei der Unterlagenzüchtung strebt man, wie bei jeder Züchtung, nach einer möglichst großen Einheitlichkeit der Individuen einer Sorte. Dies läßt sich einmal auf dem Wege der Züchtung rein homozygoter Sorten weitgehend erreichen oder durch eine ungeschlechtliche Vermehrung eines einzigen wertvollen, wenn auch heterozygoten Genotyps. In der Unterlagenzüchtung geht man beide Wege, den der Züchtung vegetativ vermehrbarer Unterlagen und den von Sämlingsunterlagen. In Anbetracht der überwiegenden Fremdbefruchtung und Heterozygotie der Mehrzahl der Obstarten, muß man sich darüber im klaren sein, daß Sämlingsunterlagen vom genetischen Standpunkt aus nicht einheitlich sind. Es ist aber möglich, die Auslese so zu lenken, daß die genetische Variation auf ein wirtschaftlich erträgliches Maß eingeengt wird. Von dieser Möglichkeit muß um so mehr Gebrauch gemacht werden, je weniger man aus wirtschaftlichen und obstbaulichen Gründen auf die Verwendung von Sämlingsunterlagen verzichten kann.

Für Versuchszwecke, insbesondere für Prüfungen von Sorten und Neuzüchtungen, wird man dagegen vegetativ vermehrbare Unterlagen bevorzugen.

b. Züchtung vegetativ-vermehrbarer Unterlagen

Als Ausgangsmaterial für die Züchtung vegetativ-vermehrbarer Arten werden Sämlinge von frei abgeblühten Sorten, von Sortenkreuzungen, von Kreuzungen mit Wildarten und von Wildarten und Wildartenbastarden benutzt, d. h. also, es kann weitgehend dasselbe Ausgangsmaterial für die Unterlagenzüchtung benutzt werden, wie für die Edelsortenzüchtung. Gerade für die Züchtung frostharter

Unterlagen haben sich Sämlinge von Wildarten als vielversprechend erwiesen: Für Apfelsämlinge von Malus pumila und baccata (baccata-Unterlagen zeigen oft eine geringe Verträglichkeit); für Birnen Sämlinge von Pirus elaeagrifolia und P. betulifolia amycdaliformis; für Pflaumen Sämlinge von Prunus pennsylvanica, P. pumila, P. nigra und P. americana.

Der Zuchtgang verläuft in der Weise, daß der einzelne Sämling zunächst auf seine vegetative Vermehrbarkeit geprüft wird. Hierzu werden Abrisse des Sämlings zwecks Bildung eines Klons zur Bewurzelung gebracht. Nach Feststellung der Abrißleistung durch die Zahl der bewurzelten Abrisse und Ausscheiden der unbrauchbaren, findet die Prüfung auf Wuchsstärke und geringe Bedornung statt. Nach diesen beiden ersten Vorselektionen beginnt der Veredlungsversuch mit mehreren Sorten und unter Einschluß bekannter Unterlagen zum Vergleich. Gleichzeitig wird die baumschulmäßige Eignung geprüft. Nachdem Klone, die in dieser Hinsicht vor allem wegen Unverträglichkeit nicht befriedigen, ausgeschieden werden, findet die Hauptleistungsprüfung in einer Obstanlage verschiedener Anbaugebiete statt. Dabei wird der Einfluß der Unterlage auf die Sorte und die Wirkung verschiedener Umweltbedingungen auf die Symbionten ermittelt. Wichtige Zuchtziele bei Apfelunterlagen sind Resistenz gegen Phytophthora cact., Virus und Nematoden und bei Birnenunterlagen gegen Fireblight (Bact. amylovrus).

c. Züchtung von Sämlingsunterlagen

Als Sämlingsunterlage kommen in erster Linie Samen von Kultursorten in Frage. Hierbei ist es neben der Kenntnis des Sortennamens wichtig zu wissen, in welcher Sortengemeinschaft die betreffende Muttersorte abgeblüht hat. Die Herkunft der Sorte ist dagegen von untergeordneter Bedeutung (de Haas). Für die Auswahl der geeigneten Sorten bzw. Sortenkreuzungen, müssen Untersuchungen durchgeführt werden analog den Sämlings-Analysen von Schmidt, die einen ersten Einblick in den Zuchtwert der Sorten vorwiegend im Hinblick auf die Züchtung von Edelsorten vermittelt haben. In dem umfangreichen Zuchtmaterial Schmidts, besonders in den Kreuzungen von Kultursorten mit Wildarten, haben sich nebenbei viele Formen gefunden, die wegen ihrer Resistenz und guten vegetativen Vermehrbarkeit, für die Unterlagenzüchtung von Wert sind.

Für Sämlingsunterlagen scheiden alle triploiden Sorten aus, da die Keimfähigkeit ihrer Samen gering und die genetische Variation mit einem Anteil schwachwüchsiger Formen sehr groß ist. Die Eignung diploider Sorten ist sehr unterschiedlich; als geeignete diploide Sorten haben sich erweisen: Bei Äpfeln „Grahams Jubiläum" und „Bitterfelder", und bei Birnen „Kirchensaller Mostbirnen". Auch an Pflanzungen mit Obstsaatmutterbäumen, mit dem Ziel der Gewinnung bestimmter Unterlagen, ist zu denken.

Der Zuchtgang erfolgt in drei Stufen (Kemmer und Schulze). In der ersten Stufe findet die Gewinnung und Prüfung des Saatgutes und die weitere Prüfung bis zum einjährigen Sämling statt. Herkünfte mit einer starken genetischen Variation werden als ganze ausgeschieden.

Die zweite Stufe im Züchtungsgang erstreckt sich von der Veredlung bis zum baumschulfertigen Gehölz. Hier finden vornehmlich Ausscheidungen auf Grund der Affinität, Verträglichkeit und der gegenseitigen Beeinflussung statt. In der dritten Stufe wird eine Prüfung in Obstanlagen, an Standorten mit unterschiedlichen Umweltbedingungen durchgeführt.

d. Züchtung apomiktischer Unterlagen

Die Ausnutzung der auf S. 124 geschilderten apomiktischen Fortpflanzung dürfte in der Unterlagenzüchtung nicht ohne Interesse sein. Da alle aus apomiktischer Fortpflanzung, wie z. B. Nucellarembryonie oder diploider Parthenogenesis, hervorgegangene Samen und Pflanzen dieselbe genetische Konstitution besitzen, nämlich die des Mutterbaumes, verbinden derartig gewonnene Sämlingsunterlagen die genetisch-züchterischen Vorteile der vegetativ-vermehrten

Unterlagen mit den wirtschaftlich-obstbaulichen Vorteilen der Sämlingsunterlagen. Die große Schwierigkeit besteht aber darin, erst einmal Sämlinge zu züchten, die obligatorische Apomikten sind. Die Sorte „Transparent von Croncels" ist nur fakultativ apomiktisch (Kobel). Da sich nach Versuchen die Apomixis beim Apfel vererbt, müßte es eigentlich möglich sein, aus der Kreuzung verschiedener fakultativ apomiktischer Formen oder aus ihrer Selbstung obligatorische Apomikten zu züchten. Eine systematische Suche nach Apomikten unter polyploiden Sämlingen dürfte vielleicht auch erfolgreich sein. Nach Gustafsson besteht zwischen Apomixis und Polyploidie insofern ein Zusammenhang, als durch Polyploidie *nicht* Apomixis an sich erzeugt wird, sondern die in den Diploiden bereits vorhandene Anlage zur Apomixis als selektionsförderndes Anpassungsmerkmal zur Geltung bringt; die nach Polyploidie sehr häufig eintretenden Anfangsperioden einer verminderten Fertilität werden durch die apomiktische Samenbildung überbrückt.

B. Züchtung von Beerenobst

Die Züchtung aller Beerenobstarten gestaltet sich infolge ihrer vegetativen Vermehrbarkeit durch Absenker, Steckholz u. a. erheblich einfacher als die des Kern- und Steinobstes. Eine Pfropfung auf Unterlagen und damit auch die Züchtung von Unterlagen entfällt. Infolge der mehr oder weniger starken Heterozygotie aller Sorten ist ihre Vermehrung durch Samen nicht möglich.

Bei der Züchtung neuer Sorten ist man auf die Anzucht von Sämlingen angewiesen, wie beim Kern- und Steinobst. Ein großer Vorteil gegenüber der Sämlingszucht des Kern- und Steinobstes besteht aber in der bedeutend kürzeren Generationsfolge. Die als Ausgangsmaterial für die Selektion erforderlichen Samen können aus frei abgeblühten Sorten, aus zielbewußten Kreuzungen verschiedener Sorten derselben Art und Kreuzungen verschiedener Arten gewonnen werden.

Johannis- und Stachelbeeren sind selbstfertil, so daß auch aus Selbstungen Samen für die Auslese gewonnen werden kann. Doch ist die Ausbeute an geeigenten Sämlingen nach Kreuzungen von Sorten und Arten erheblich höher. Artkreuzungen dürften insofern von besonderem Interesse und erfolgversprechend sein, als die Kultursorten von Johannis- und Stachelbeeren aus verschiedenen Wildarten und Artbastarden entstanden sind. Artkreuzungen zwischen verschiedenen Ribesarten geben teils fertile, teils sterile Bastarde. Bei fertilen Bastarden bedient man sich zur Erreichung bestimmter Zuchtziele der Rückkreuzungsmethode. Recht bewährt hat sich diese Methode bei der Züchtung von großfrüchtigen, mehltauresistenten Stachelbeeren. Hierzu wurden großfrüchtige, anfällige Kultursorten (Ribes granularia) mit kleinfrüchtigen resistenten Wildarten, wie Ribes divaricatum, succirubrum, oxycanthoides gekreuzt (Gruber). Nach drei Rückkreuzungen entstanden großfrüchtige und wohlschmeckende Stachelbeeren, die gegen Mehltau resistent sind (Bauer). Nach jeder Rückkreuzung mit dem Kulturelter sind durch eine künstliche Masseninfektion die anfälligen Sämlinge wieder auszumerzen.

Sterile Artbastarde können durch Colchicinbehandlung amphidiploid und damit fertil gemacht werden. So gelang es Bauer, amphidiploide Bastarde zwischen Stachelbeeren und schwarzen Johannisbeeren herzustellen.

Große züchterische Möglichkeiten eröffnen sich durch Artkreuzungen auch bei Himbeeren und Brombeeren; einmal durch Kreuzungen von Himbeersorten verschiedenen Ursprungs (Rubus idaeus, R. vulgaris, R. strigosa und R. occidentalis) und zum anderen durch Kreuzungen von Himbeeren mit Brombeeren. Auch die Schaffung von Kultursorten der Brombeere ist eine sehr dankbare Aufgabe, zumal die Formenmannigfaltigkeit infolge Polyploidie ($x = 7$) außerordentlich groß ist.

Bei den Erdbeeren wird man bei der Neuzüchtung von Kreuzungen verschiedener Kultursorten ausgehen, die vornehmlich aus der Gruppe der octoploiden Fragaria grandiflora (2n = 56) stammen. Fr. grandiflora selbst ist aus Kreuzung der beiden octoploiden Arten Fr. virginiana × Fr. chiloensis entstanden. Nur wenige Sorten, wie die „Vierländer Erdbeere" sind hexaploid (2n × 42), während die Walderdbeere mit 2n = 14 Chromosomen eine diploide Art ist.

Die Erdbeersämlinge können bereits nach zwei Jahren verklont und dadurch recht früh einer exakten Leistungsprüfung unterzogen werden. — Große Sorgfalt und Aufmerksamkeit ist der Erhaltungszucht zu widmen, um virusfreies Pflanzgut in den Verkehr zu bringen. Die Symptome des Virusbefalls sind bei den einzelnen Sorten recht verschieden. Neben sehr empfindlichen Sorten kommen auch „tolerante" Sorten vor, denen kein Befall anzusehen ist, die aber das Virus weiter übertragen (J o r d a n). Durch Pfropfung von Klonen auf Fragaria vesca ist es möglich, auch tolerante Pflanzen auf ihren Befall mit Virus zu testen. — Die Vermehrung der auf diese Weise getesteten und als virusfrei befundenen Klone muß in Gebieten durchgeführt werden, die für die Entwicklung und Ausbreitung der Erdbeerblattlaus, der Überträgerin des Virus, ungünstig sind.

III. Züchtung von Blumen und Zierpflanzen

A. Stand, Aufgaben und Grundlagen

Die Anforderungen, die an einen Blumenzüchter gestellt werden, sind recht vielseitig. Der Markt verlangt ständig Neuheiten, die häufig gewissen Moderichtungen unterworfen sind. Die Mode wechselt aber oft schneller als der Züchter in der Lage ist, neue Sorten zu schaffen. In der Züchtung neuer Sorten sind daher den Aufwendungen aus wirtschaftlichen Gründen meist engere Grenzen gezogen als auf anderen Gebieten der Pflanzenzüchtung. Hinzu kommt, daß jeder Blumenzüchter über ein mehr oder weniger großes Sortiment der verschiedensten Arten verfügen muß, dessen

Unterhaltung bei häufig geringen Umsätzen der einzelnen Sorten mit keinen großen Kosten belastet werden kann. Unter diesen Umständen ist es verständlich, daß die Aufwendungen in der Erhaltungszucht der bestehenden Sorten im allgemeinen sehr niedrig sind. Die Erhaltungszucht wird überwiegend in der Weise betrieben, daß aus einem Zuchtbeet die „falschen“ Pflanzen mit der Hacke entfernt und die besonders „sortenechten“ mit Stäbchen oder Fäden ausgezeichnet werden, um aus dieser positiven Massenauslese im nächsten Jahr die erste Vermehrung zur Erzeugung des Handelssaatgutes entstehen zu lassen. Hacke und Markierungsstäbe sind auch heute noch die wichtigsten Arbeitsinstrumente in der Erhaltungszüchtung der Blumensortimente. Es ist daher nicht überraschend, daß die Mehrzahl der Sorten eine mangelnde Typenreinheit aufweist, ja oft jegliche züchterische Arbeit vermissen läßt.

Aber auch in Fällen, wo eine intensive züchterische Arbeit besonders durch die Anwendung der Methoden der Individualauslese mit Nachkommenschaftsprüfung geleistet wird, stellt sich zuweilen nicht der gewünschte Zuchterfolg ein. Recht oft werden von fremdbefruchtenden Arten, wie z. B. Stiefmütterchen u. a., verschiedene Sorten nebeneinander angebaut und damit einer ständigen Kreuzbefruchtung ausgesetzt. Durch einen derartig unsachgemäßen Samenbau können die Ergebnisse züchterischer Arbeit immer wieder zunichte gemacht werden. Eine weitere, wesentliche Ursache für das Ausbleiben eines Zuchterfolges trotz intensiver Zuchtarbeit ist oft auch auf mangelnde Kenntnisse der genetischen und blütenbiologischen Grundlagen der zu züchtenden Objekte zurückzuführen. Ihre Erforschung legt oft erst die Ursache für den ausbleibenden Zuchterfolg klar und schafft die Voraussetzungen für die Anwendung spezieller Zuchtverfahren. — Die folgenden Abschnitte sind daher vor allem einigen Besonderheiten, die in der Züchtung von Blumen auftreten und den Zuchterfolg erschweren, gewidmet und sollen Wege ihrer Überwindung mit Hilfe genetischer Methoden aufweisen.

B. Ursachen für mangelnde Sortenreinheit und Möglichkeiten ihrer Überwindung

1. Lenkung der Fremdbefruchtung

Die Tatsache, daß diploide Sorten von Fremdbefruchtern sehr häufig genetisch stark variieren, wird dadurch verursacht, daß keine oder unzureichende Maßnahmen zur Lenkung der Fremdbestäubung in den Ausleseverfahren angewandt werden. Die einzuschlagenden Wege zur Lenkung der Bestäubung hängen zunächst davon ab, ob die betreffende Art auch bei erzwungener Selbstbestäubung mehr oder weniger zahlreiche Samen ansetzt und wie weit in den Selbstungsnachkommenschaften Inzuchtschäden auftreten.

Recht einfach ist die Lenkung der Bestäubung und damit die Züchtung auf Homozygotie bei einem Insektenbefruchter wie dem Löwenmäulchen, Antirrhinum majus. Die Kulturrassen sind weitgehend selbstfertil, so daß bei erzwungener Selbstbestäubung zahlreiche Samen geerntet werden. Die Selbstungen können in der Weise durchgeführt werden, daß von etwa 10—20 typischen Pflanzen jeder Sorte je ein Blütenstand mit etwa 10—15 Knospen in eine Pergamintüte eingehüllt wird. Ein Blumenstab wird als Stütze beigegeben und die Tüte mit Hilfe eines Klips unten verschlossen. Zur Verbesserung des Ansatzes empfiehlt es sich, die aufgeblühten Blüten durch Reiben zu bewegen, um Blütenstaub auf die Narbe zu bringen. Die Samen jeder Pflanze werden einzeln geerntet. Im folgenden Jahr erfolgt zunächst eine Probeaussaat mit 50—100 Pflanzen, um die Konstanz der Sortenmerkmale zu prüfen (s. Abb. 25). Vielfach wird man in diesen Nachkommenschaften Inzuchtdepressionen beobachten. Der Grad der Inzuchtschwäche ist aber sehr unterschiedlich. Neben völlig inzuchtfesten Sippen kommen inzuchtempfindliche mit recht unterschiedlichen Graden der Depression vor. Auf Grund dieser Testprüfung wird im folgenden Jahr das Saatgut von allen Pflanzen, die sich in ihrer Nachkommenschaftsprüfung konstant erwiesen haben, für die Saatguterzeugung vereinigt. Durch die jetzt eintretende Fremdbefruchtung der konstanten Stämme werden etwaige Inzuchtschwächungen wieder behoben. Dabei ist dafür zu sorgen, daß die einzelnen Sorten in gewissen Abständen voneinander angebaut werden.

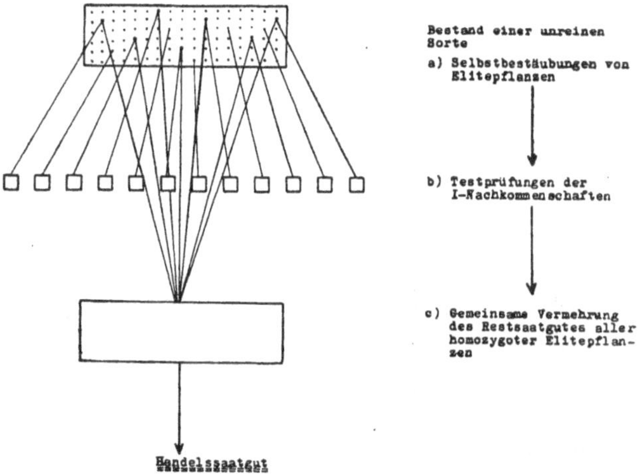

Abb. 25. Schema der Erhaltungszucht beim Löwenmäulchen

Schwieriger gestaltet sich die Reinzucht bei einem *selbststerilen* Fremdbefruchter wie Bellis perennis, dem Tausendschönchen. Hier sucht man sich aus dem Bestand einer Sorte einige typische Pflanzen aus und stellt zunächst von jeder durch Teilung einen Klon her (s. Abb. 26). Da an einem Klon die wertbildenden Eigenschaften einer Sorte weit besser beurteilt werden können als an der Einzelpflanze, ist eine weitere Ausscheidung unbrauchbarer Typen möglich. Mit den verbliebenen Klonen werden diallele Kreuzungen vorgenommen. Hierzu bildet man Paare aus je zwei Klonen, die man in guter räumlicher Isolierung voneinander auspflanzt und die Kreuzung den Insekten überläßt.

Durch Selbstungen hat man sich zuvor davon zu überzeugen, daß die zur Kreuzung verwendeten Klone auch voll selbststeril sind. Finden sich unter den Kreuzungs-Paarnachkommenschaften einige, die sich als einheitlich in den für die betreffende Sorte typischen Eigenschaften erweisen, so werden ihre Elternklone im großen vegetativ

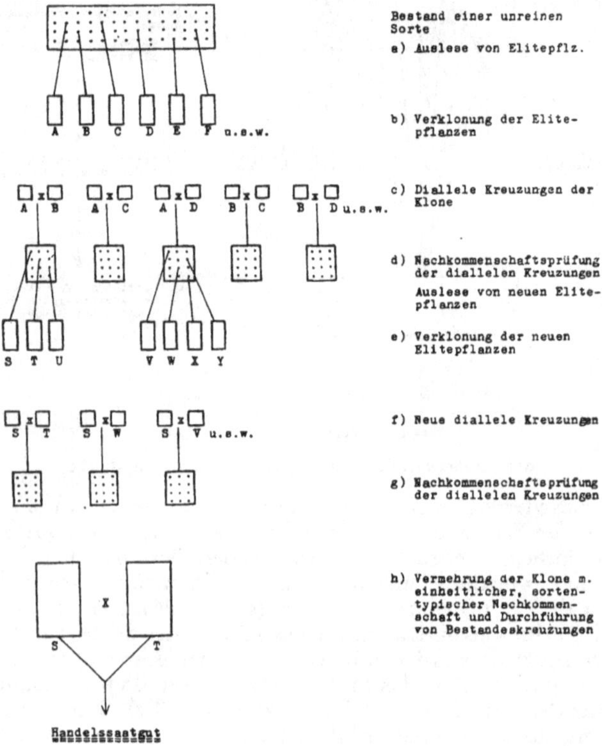

Abb. 26. Schema der Züchtung einheitlicher Sorten beim Tausendschön nach R. Reimann-Philipp

vermehrt und zusammengepflanzt, um aus ihrer gegenseitigen Befruchtung das Handelssaatgut zu erzeugen. Ein weiterer Nachbau wird nicht möglich sein, da in der folgenden Generation (F_2) wieder mit Aufspaltungen zu rechnen ist.

Die Auffindung zweier Klone, die schon nach einmaliger Testkreuzung eine einheitliche Nachkommenschaft ergeben, dürfte ein seltener Glücksfall sein. Im allgemeinen wird man sich erst um die Züchtung weitgehend homozygoter Klone bemühen müssen. Dies geschieht in der Weise, daß in der Nachkommenschaft zweier Klone wiederum sortenideale Pflanzen ausgelesen und je zwei miteinander gekreuzt werden, um ihre Nachkommenschaften auf Einheitlichkeit zu prüfen. Diese Auslesen in einer Nachkommenschaft mit nachfolgenden Paarkreuzungen und Prüfungen der Nachkommenschaft sind so lange fortzusetzen, bis zwei weitgehend homozygote Pflanzen gefunden worden sind. Diese werden dann verklont und zur Erzeugung des Handelssaatgutes zusammen gepflanzt.

Ein anderer Weg zu homozygoten Linien zu gelangen, besteht in der Suche nach selbstfertilen Mutanten. Hierzu müssen einige hundert Pflanzen durch Einschließen ihrer Blütenstände geselbstet werden. Nur bei Prüfung eines umfangreichen Materials besteht Aussicht, solche selbstfertilen Mutanten in einer sonst selbststerilen Art zu finden. Durch wiederholte Auslesen und Selbstungen wird man schließlich zu reinzüchtenden Stämmen gelangen. Wichtig ist, daß mehrere selbstfertile Mutanten vorhanden sind, um eingetretene Inzuchtschäden durch Kreuzung ihrer Nachkommenschaften wieder beheben zu können.

In ganz ähnlicher Weise wie bei Bellis können auch andere selbststerile Fremdbefruchter, wie Ageratum u. a., mit Erfolg bearbeitet werden. Hierbei sollte von dem züchterisch so großen Vorteil der Klonbildung durch Teilung von Einzelpflanzen oder durch Bewurzelung von Trieb- und Blattstecklingen nach Möglichkeit Gebrauch gemacht werden.

2. Autopolyploidie

Die so ungeheuer große Formenmannigfaltigkeit unserer Blumen und Zierpflanzen wird sicherlich zu einem nicht unbedeutenden Teil durch das so häufige Vorkommen der Autopolyploidie verursacht, d. h. durch Typen, die mehr als zwei Chromosomensätze besitzen. Beträgt die Chromosomenzahl einer polyploiden Form ein Vielfaches der Chromosomen-Grundzahl x, so liegt Euploidie vor, ist sie dagegen nicht durch die Grundzahl x teilbar, so spricht man von Aneuploidie (s. Tab. 6).

Aneuploide und ebenso euploide Formen, deren Chromosomenzahl ein ungerades Vielfaches der Grundzahl x bildet (3 x = triploide, 5 x = pentaploide, 7 x = septenploide), zeigen unregelmäßige Paarung in der Meiosis und können daher nicht zur Konstanz gezüchtet werden; sie finden sich überwiegend bei vegetativ vermehrten Arten, wie z. B. Chrysanthemen, Hyazinthen, Narzissen, Krokus u. a.

Ein sehr instruktives Beispiel, wie Autopolyploidie eine Vielzahl von Arten (in diesem Fall wohl richtiger Unterarten oder Varietäten) schafft, ist die Gattung Chrysanthemum. Die Chromosomengrundzahl ist x = 9, so daß diploide Formen, wie Chr. Makinoi und Chr. lavendulaefolium 2n = 18 Chromosomen besitzen. Von diesen diploiden Arten leiten sich nun folgende Polyploide ab:

Chrysanthemum indicum	2n = 36
Chrysanthemum Stunoternai	2n = 50
Chrysanthemum japonense	2n = 54
Chrysanthemum Dekaisneanum	2n = 72
Chrysanthemum ornatum	2n = 72
Chrysanthemum pacificum	2n = 90
Chrysanthemum yezoensis	2n = 90

Daß bei diesen polyploiden Arten tatsächlich nur ein und dasselbe Grundgenom vermehrt wurde, zeigen die verschiedensten Bastarde zwischen diesen Arten, die in der Reduktionsteilung eine vollkommen normale Bivalentenbildung aufweisen und daher vollfertil sind (s. Tab. 7).

Tabelle 6

Autopolyploidie bei Blumen- und Zierpflanzen

	Euploidie							
	2x	3x	4x	5x	6x	8x	10x	Aneuploidie
Chrysanthemum	18		36		54	72	90	54–57; 85, 126, 148, 154, 160, 171
Cyclamen	42		96					
Dianthus	30		60		90			
Fuchsia	22		44			88		88–92
Primula sinensis	24		48					
Primula obconica	24		48					
Primula malacoides	18		36					
Hyacinthus	16	24						17–24; 25–28; 29–32
Narcissus	14	21	28	35	42			20, 22, 30, 32
Tulipa		36						
Scilla		18						
Iris sp.	24	36	48	60				
Iris sp.			40					
Iris sp.			44					
Crocus vernus	8		16	20	24	32		18, 19, 25, 26, 27, 33
Gladiolus	30		60			120		

Tabelle 7

Kreuzungen autopolyploider Chrysanthemum-Arten

(Schimotomai, 1938)

Eltern	Haploide Chromosomenzahl	Diploide Chromosomenzahl des Bastards	Zahl der Bivalenten
Chr. Makinoi × lavendulaefolium	9 × 9	18	9
Chr. Stunoternai × japonense	27 × 27	54	27
Chr. Dekaisneanum × ornatum	36 × 36	72	36
Chr. pacificum × yezoensis	45 × 45	90	45
Chr. indicum × Dekaisneanum	18 × 36	54	27
Chr. pacificum × japonense	45 × 27	72	36

Autopolyploidie vermehrt aber nicht nur die dem Züchter so sehr erwünschte Formenmannigfaltigkeit und damit die Selektionsmöglichkeiten, sondern auch die Schwierigkeiten in der Konstanzzüchtung der Sorten.

Während in einer diploiden Art, die in einem Gen A-a heterozygot ist, nur diese eine Aa-Heterozygote vorkommt, können bei einer entsprechenden autotetraploiden Art neben den beiden homozygoten AAAA und aaaa-Genotypen drei verschiedene Heterozygote entstehen: AAAa, AAaa und Aaaa. Nach ihrer Selbstung ergeben sich unter der Annahme, daß bereits ein A-Allel über drei a-Allele dominant ist, die in Tabelle 8 zusammengestellten Spaltungen.

Tabelle 8

Autotetraploide Spaltungen

Elterngenotyp	Erwartete Chromosomenspaltung*)
AAAA	alle A
AAAa	alle A
AAaa	35 A . . .: 1 aaaa
Aaaa	3 A . . .: 1 aaaa
aaaa	alle aaaa

*) Chromatidenspaltung ist nicht berücksichtigt.

Die Spaltungsverhältnisse sind also im Vergleich zu einer diploiden 3 : 1-Spaltung von 3 A. : 1 aa außerordentlich kompliziert und erschweren die Reinzucht erheblich. Der heterozygote AAAa-Genotyp ergibt bei Chromosomenspaltung eine nicht-spaltende Nachkommenschaft; diese enthält aber AAaa-Heterozygoten, die in der folgenden Generation auf 35 A-Phaenotypen einen rezessiven aaaa-Typ abspalten. Noch komplizierter liegen die Spaltungsverhältnisse, wenn aus einem doppelt heterozygoten Bastard AAaa BBbb konstante Genotypen gezüchtet werden sollen (s. Göschen-Band 1134).

Als weitere Schwierigkeit bei der Auslese kommt hinzu, daß die Dominanzverhältnisse der einzelnen Gene tetraploider Formen sehr unterschiedlich sein können. So steigt bei Dahlia variabilis die Wirkung dominanter Allele des Gens für Anthozyanbildung A von der einfachen bis zur vierfachen Dosis, so daß die Genotypen AAAA, AAAa, AAaa und Aaaa unterschiedlich gefärbt sind. Dagegen hat das Gen J für Ausbildung elfenbeinfarbiger Flavone schon bei zwei dominanten Allelen sein Wirkungsmaximum erreicht; die Gene B und Y zeigen sogar bei einem dominanten Allel ihre stärkste Wirkung. — Wie die durch Autopolyploidie bedingten Schwierigkeiten in der Züchtung überwunden werden können, wird im folgenden an einigen Beispielen gezeigt werden.

a. Gartenstiefmütterchen

Die Ursachen für eine mangelnde Reinheit der meisten Sorten des Gartenstiefmütterchens sind nach den Untersuchungen von H o r n einerseits auf Heterozygotie der zur Erzeugung des Handelssaatgutes benutzten Ausgangspflanzen und andererseits auf Einkreuzungen mit anderen Sorten und Wildarten zurückzuführen. Die Blüte des Stiefmütterchens ist herkogam gebaut, so daß eine Selbstbestäubung weitgehend verhindert wird; werden Insekten ferngehalten, so tritt kein Samenansatz ein. Da aber das Stiefmütterchen weitgehend selbstfertil ist, erhält man aus künstlichen Selbstbestäubungen leicht Samenansatz. In derartigen Nachkommenschaften erhielt H o r n tetrasome Spaltungen. Wird als Genomgrundzahl nach C l a u s e n x = 6 angenommen, so wären die Gartenstiefmütterchen als octoploid, und zwar als auto-allopolyploid anzusehen. Sie müßten aus Kreuzung zweier autotetraploider Arten mit nachfolgender Chromosomenverdoppelung entstanden sein; ihre Genomformel wäre demnach AAAA BBBB, wobei A und B zwei nichthomologe Genome von je 6 Chromosomen repräsentieren.

Der bereits erwähnte komplizierte Erbgang bei Tetraploiden bringt erhebliche Schwierigkeiten in der Reinzucht mit sich, die aber durch folgendes Zuchtschema nach H o r n überwunden werden können (Abb. 27). Typische Pflanzen

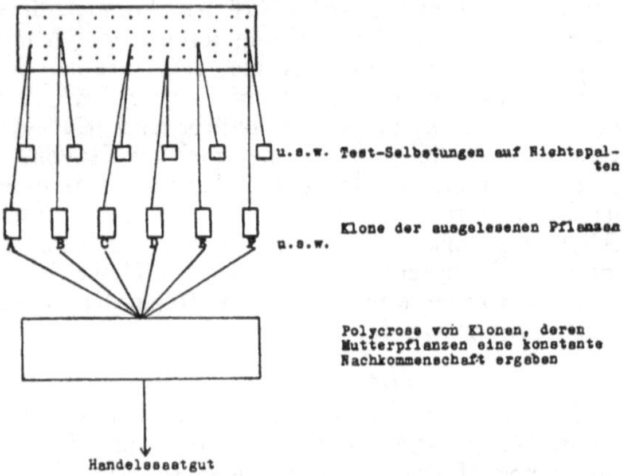

Abb. 27. Schema der Züchtung einheitlicher Sorten beim Stiefmütterchen

einer Sorte werden ausgelesen und geselbstet und nach ihrer Samenernte vegetativ durch Teilung in drei bis fünf Rißlinge oder durch Stecklinge vermehrt und im Gewächshaus überwintert. Die Aussaat der Nachkommenschaften der ausgelesenen Pflanzen erfolgt zwei bis drei Wochen nach der Ernte. Nachdem im Frühjahr die Nachkommenschaften auf etwa vorkommende Spaltungen in sortentypischen Merkmalen untersucht worden sind, werden die Klone der konstanten Nachkommenschaften zu einer Bestäubungsgruppe zusammengepflanzt. Ihre Ernte ergibt ein sortenechtes Handelssaatgut, sofern durch räumliche Isolierungen Bastardierungen mit anderen Sorten oder mit wilden Stiefmütterchen verhütet worden sind. Ein weiterer Nachbau dieses Saatgutes ist nicht möglich, da sich unter den ausgelesenen Elitepflanzen auch solche vom Typ AAAa befinden, die zwar bei Bestäubung untereinander im allgemeinen *keine* rezessiven aaaa-Genotypen entstehen lassen*), aber sehr wohl AAaa-Heterozygote, aus denen in der darauffolgenden Generation homozygote, rezessive Genotypen abspalten können. Die Auslese typischer Elitepflanzen jeder Sorte muß immer aufs neue durchgeführt werden, da die Lebensdauer der Klone begrenzt ist.

b. Petunien

Auch bei tetraploiden „superbissima" Petunien bereitet die Züchtung von Sorten mit einheitlich großem Blütendurchmesser von mehr als 11 cm oft erhebliche Schwierigkeiten. Die meisten Sorten spalten kleinblütige Formen mit einem Durchmesser von 8—11 cm ab, entsprechen also den diploiden „grandiflora" Petunien. Die Großblütigkeit wird durch ein Gen S bestimmt, wobei mit zunehmender Zahl der dominanten S-Allele die Blütengröße wächst, so daß die SSSs, SSss und Ssss sich auch phaenotypisch unterscheiden lassen; die kleinblütigen ssss-Genotypen sind nicht nur durch ihre Blütengröße von der ersten Gruppe deutlich verschieden, sondern auch durch die Gestalt der Kelchblätter; an Stelle der für die großblumige Gruppe typischen breiten und sich überdeckenden Kelchblätter besitzen sie schmale, alleinstehende Kelchblätter (Plickert).

Es ist bisher nicht geglückt, durch Selbstungen einen SSSS-Genotyp aufzufinden — wahrscheinlich ist er nicht lebensfähig —, so daß die Konstanzzüchtung auf andere

*) mit Ausnahme bei Chromatidenspaltung.

Weise erstrebt werden muß. Durch Testkreuzungen von großblumigen mit kleinblumigen Pflanzen sind großblumige SSSs-Genotypen ausfindig zu machen. Sie sind daran zu erkennen, daß sie bei den angegebenen Testkreuzungen keine kleinblumigen ssss-Typen abspalten, während dies bei Paarung von SSss- und Ssss-Genotypen eintreten würde. Die so ermittelten SSSs-Genotypen werden als Pollenelter benutzt, wozu sie durch Stecklinge unbegrenzt vermehrt werden können. Als Mutterpflanze sind ebenfalls möglichst großblütige Pflanzen von der Konstitution SSSs oder SSss zu verwenden. Das auf diese Weise gewonnene Saatgut darf ebenfalls nicht nachgebaut werden, da dann mit der Abspaltung kleinblütiger Pflanzen gerechnet werden muß.

c. Alpenveilchen

Ganz ähnlich wie bei der Züchtung von tetraploiden Petunien kann man auch bei der Züchtung tetraploider Cyclamen vorgehen, um diese zur Konstanz zu züchten (Kappert). Mit Hilfe von Testkreuzungen wählt man als Pollenelter AAAA- oder AAAa-Genotypen aus, also solche, die nach Kreuzungen mit dem entsprechenden rezessiven aaaa-Genotyp oder nach Selbstungen in den Nachkommenschaften keine Abspaltungen von vierfach Rezessiven zeigen. AAAA- oder AAAa-Pflanzen ergeben nach Kreuzungen mit allen anderen Genotypen keine Aufspaltungen. Auch wenn man diese Genotypen untereinander abblühen läßt, erhält man eine einheitliche Nachkommenschaft. Bei diesem Zuchtverfahren ist es notwendig, die Knollen der zu prüfenden Pflanzen zu überlagern, was aber durchaus keine Schwierigkeiten bereitet. Das Überhalten der Mutterpflanzen hat nur den Nachteil, daß der Habitus dieser Pflanzen an Gefälligkeit verliert und somit bei der Saatanerkennung Schwierigkeiten entstehen, da hierbei die Samenträger nur nach dem Phaenotyp beurteilt werden. — In gewissen Abschnitten müssen die alten Mutterknollen durch neue ersetzt werden, d. h. neue Testkreuzungen oder Selbstungsnachkommenschaften durchgeführt werden. Dieses Verfahren kann erheblich verbilligt werden, wenn die

Möglichkeit besteht, die Testkulturen im Freien durchzuführen. Auch eine vegetative Vermehrung der Knollen durch Schnitthälften würde den Züchtungsgang erheblich verbilligen, eine Vermehrungsmethode, die vor Auftreten der großblumigen Formen, etwa vor 1870, praktiziert wurde.

Eine weitere Möglichkeit der Analyse des Genotyps hat sich in neuester Zeit durch die Entwicklung der Papierchromatographie ergeben (Seyffert).

Die Konstanzzüchtung kann nach Vorschlägen Kapperts auch durch Umwandlung der Tetraploiden in den diploiden Zustand (= Hemiploidie) sehr erleichtert werden. Die Möglichkeit, diploide Pflanzen zu finden, besteht in der Auslese von Zwillingsembryonen, von denen häufig ein Partner durch eine Veränderung der Chromosomenzahl ausgezeichnet ist. Ist die Konstanzzüchtung erreicht, so kann durch Colchicinbehandlung sehr leicht wieder eine Überführung in den tetraploiden Zustand erreicht werden, sofern diese für notwendig befunden wird. — Neben tetraploiden Sorten sind auch diploide Sorten bekannt, die durchaus nicht immer kleinere Blüten besitzen, wie z. B. die Sorte „Weiße Dame“. Dagegen ist die genetische Variation der Farben bei den Tetraploiden größer als bei den diploiden, bei denen die blaufreien Lachstöne und das Rot der tetraploiden „Leuchtfeuer“ fehlen (Seyffert).

Ein weiterer Weg der Umwandlung von tetraploiden Formen in diploide besteht in Kreuzung zwischen diploiden × tetraploiden Formen und nachfolgender Rückkreuzung des triploiden Bastards mit dem diploiden Elter.

C. Weitere spezielle Zuchtmethoden

1. Züchtung auf Blütenfüllung

Ein wichtiges Zuchtziel in der Blumenzüchtung ist die Schaffung von Sorten mit gefüllten Blüten, da bei vielen Arten der Schmuckwert der Blüten durch Füllung gesteigert wird. — Die Füllung kann ihrer Morphologie nach ganz verschieden bedingt sein. Bei den Compositen kommt die

Füllung dadurch zustande, daß die Röhrenblüten durch Zungenblüten ersetzt werden, oder daß die Röhrenblüten einen Blütenkranz erhalten, wie z. B. bei gefüllten Dahlien. Bei anderen Familien kann eine Blütenfüllung durch eine Umwandlung der Geschlechtsorgane (= Petaloidie) oder der Kelchblätter in Blütenblätter (= Calycanthemie) erfolgen.

Wenn auch durch Umweltfaktoren der Grad der Füllung beeinflußt werden kann, so ist diese Eigenschaft in erster Linie erblich bedingt und daher ein züchterisches Problem. Gefüllte Formen pflegen mutativ zu entstehen und können auch bei anderen noch nicht gefüllten Arten mit einer gewissen Sicherheit auf Erfolg experimentell ausgelöst werden (Röntgenstrahlen). Schwierigkeiten in der Konstanzzüchtung dieses Merkmals ergeben sich dadurch, daß mit der Blütenfüllung häufig eine Sterilität in einem oder sogar in beiden Geschlechtern verbunden ist. Wie diese Schwierigkeiten in der Züchtung allgefüllter Sorten überwunden werden können, wird im folgenden an zwei Beispielen gezeigt.

a. Petunien

Bei den diploiden, kleinblütigen Petunien hat es lange Zeit gedauert, bis es gelang, 100prozentig gefüllte Sorten auf den Markt zu bringen. Bei den meisten Sorten schwankt der Anteil der gefüllten Formen zwischen 25—85 %. Ein weiterer Nachteil besteht darin, daß die Füllung ungleichmäßig stark ausgebildet ist (Z i n n).

Der Grad der Blütenfüllung wird durch das Flächenverhältnis der inneren, die Blütenfüllung bewirkenden Blumenblätter zu den fünf äußeren, miteinander verwachsenen Blumenblättern bestimmt. Z i n n hat mit Erfolg zur Bestimmung der Blütenfüllung an Stelle der planimetrischen Bestimmung dieses Verhältnisses die gravimetrische mit Hilfe einer Torsionswaage verwendet; zwischen beiden Werten besteht eine sehr enge Korrelation.

In der Züchtung entstehen dadurch Schwierigkeiten, daß die gefüllten Blüten infolge Reduktion der weiblichen Organe keinen Samen erzeugen können. Nur bei schlecht gefüllten Formen finden sich schwach funktionsfähige Fruchtknoten. Dagegen bilden die gefüllten Formen Staubgefäße mit voll funktionsfähigem Pollen aus, so daß diese als Vater zur Bestäubung ungefüllter Pflanzen benutzt werden können. Da die Füllung nach Zinn durch ein dominantes Allel G bedingt wird, entstehen aus einer derartigen Kreuzung 50 % gefüllte und 50 % einfache Pflanzen unter der Annahme, daß der Pollenelter heterozygot ist: Gg × gg = 1 Gg : 1 gg.

Die erste Aufgabe in der Züchtung allgefüllter Sorten besteht darin, GG-Genotypen zu finden. Nur wenn diese als Väter bei der Bestäubung von einfachen gg-Samenträgern verwendet werden, entsteht eine 100prozentig gefüllt blühende Nachkommenschaft. Zur Züchtung von GG-Genotypen sucht man zunächst nach gefüllten Ausnahmepflanzen, die bei einem relativ gutem Füllungsgrad noch weiblich fertil sind. Derartig gefüllte Formen werden nun mit Pollen von stark gefüllten bestäubt, d. h. es werden Kreuzungen von Gg mit Gg ausgeführt. In den Nachkommenschaften dieser Kreuzungen werden nun diejenigen mit der besten Füllung ausgelesen, um durch Testkreuzungen mit einfachen gg-Genotypen ihre genetische Konstitution zu ermitteln, ob sie Gg oder GG sind. Die Nachkommenschaft von gg × GG ist konstant Gg; die von gg × Gg spaltet in 1 Gg : 1 gg. Da eine starke Blütenfüllung ein späteres Aufblühen verursacht, wird man die gewünschten Vaterpflanzen am sichersten unter den Spätblühern finden. Bis die Ergebnisse dieser Testkreuzungen vorliegen, müssen alle gefüllt blühenden Pflanzen durch Stecklinge als Klone getrennt vermehrt werden. — Von jeder Nachkommenschaft der Testkreuzungen werden 15—20 Pflanzen gezogen; diese Zahl ist ausreichend, um mit Sicherheit eine Spaltung in einfach und gefüllt feststellen zu können. Tritt keine Spaltung ein, so ist die Vaterpflanze von dem gewünschten Genotyp GG gewesen. Diese wird nunmehr als Klon weitergezogen, um als Pollenelter bei Erzeugung des Handelssaatgutes verwendet zu werden. Nunmehr kann man sicher sein, daß aus dem Saatgut nur gefüllte Formen hervorgehen.

Hinsichtlich des Füllungsgrades ist aber noch eine Variation durch die Wirkung eines Modifikationsgens A-a möglich (Z i n n). Da dieses Gen auch in den einfachen Formen enthalten ist, muß eine GG-Pflanze mit vielen einfachen gg-Genotypen aus verschiedenen Sorten gekreuzt werden. Zeigen die von dem gleichen Vater stammenden Nachkommenschaften eine verschieden starke Blütenfüllung, so kann diese nur auf Modifikationsgene für Blütenfüllung zurückgeführt werden, die in den einfachen Genotypen enthalten sind. Nur bei Verwendung ungefüllt blühender Mütter, die homozygot für das Modifikationsgen A, also von der genetischen Konstitution ggAA sind, können allgefüllte Sorten mit einem einheitlichen Füllungsgrad gezüchtet werden. — Die gefüllten Pflanzen des Handelssaatgutes darf man nicht als Pollenlieferanten für eine weitere Saatguterzeugung verwenden, da sie alle heterozygot Gg sind.

b. Levkoyen

Nach dem gleichen Schema wie Petunien lassen sich auch gefüllte *Bartnelken* züchten; dagegen hat man bei den *Levkoyen*, deren gefüllte Formen in beiden Geschlechtern steril sind, nach einer anderen Methode vorzugehen.

Bei den *Levkoyen* gibt es einfach blühende und immerspaltende Sippen. Bei den immerspaltenden Sippen entstehen aus Selbstung einer einfach blühenden Pflanze einfache und gefüllte zu etwa gleichen Teilen. Diese Erscheinung ist genetisch wie folgt bedingt (K a p p e r t): Gefüllt ist rezessiv gegenüber einfach; die einfachen Pflanzen in einer immerspaltenden Sippe sind von der Konstitution Ss und die gefüllten ss. Ferner ist mit dem Gen S-s ein rezessives Letalgen gekoppelt, das die männlichen Gonen zum Absterben bringt, und zwar ist S mit l und s mit L gekoppelt, so daß jeder Pollen, der das Allel S für einfache Blüten führt, absterben muß. Die Bildung der Geschlechtszellen und Zygoten einer einfach blühenden Pflanze von der Konstitution SlsL verläuft also nach folgendem Schema:

♀	S l (†)	s L
Sl		SsLl SlsL = einfach
sL		ssLL sLsL = gefüllt

Bei diesem Erbgang ist es zunächst nicht möglich, Sorten zu züchten, die mehr als 50 % gefüllte Pflanzen enthalten. Findet ein Kopplungsbruch und Genaustausch zwischen Sl- und sL-Gameten statt, in dessen Folge SL-Gameten entstehen, so werden die männlichen Gone mit dem Allel für einfache Blüten nicht absterben, und die Zahl der einfach blühenden Pflanzen wird gegenüber der gefüllt blühenden erhöht. Die Sorte „entartet"; nur durch Ausmerzung der SL sL kann dieser Vorgang aufgehalten werden.

Durch ein weiteres genetisches Experiment schuf K a p p e r t die Möglichkeit, Bestände mit nur gefüllten Pflanzen herzustellen: In das Chromosom mit dem rezessiven Allel s des Füllungsgens wurde das rezessive Allel c eines Gens für hellgrüne Blätter übertragen, während das dominante Allel C in das S-Chromosom kam. Die genetische Konstitution einer einfach blühenden Pflanze einer immerspaltenden Sippe ist demnach $\frac{\text{S l C}}{\text{s L c}}$; sie bildet folgende Gameten und Zygoten:

♀	S l C (†)	s L c
S l C		SlsLCc = einfach dunkelgrün
s L c		ssLLcc = gefüllt hellgrün

Wie aus dieser Anleitung zu ersehen ist, sind alle einfachen Pflanzen dunkelgrün, und alle gefüllten Pflanzen hellgrün. Da die unterschiedliche Grünfärbung bereits deutlich an den Keimpflanzen zu erkennen ist, können durch eine entsprechende Auslese beim Pikieren oder Auspflanzen entweder rein gefüllte Bestände als Schnittblumen oder rein einfache zur Samengewinnung erstellt werden.

2. Erzeugung und Bedeutung polyploider Formen

Die bereits erwähnte Tatsache, daß bei der Entstehung der Blumen und Zierpflanzen und der Entfaltung ihrer

Formenmannigfaltigkeit die Auto- und Allopolyploidie eine große Rolle spielt, legt es nahe, die experimentelle Erzeugung polyploider Formen als Züchtungsmethode bei Blumen und Zierpflanzen zu nutzen. — Nach der Entdeckung der so leicht zu handhabenden und sicher wirkenden Colchicinmethode im Jahre 1937 sind bei vielen Blumenarten polyploide Rassen erzeugt worden. Gerade bei Blumen ist diese Methode deswegen besonders erfolgversprechend, weil nach den allgemeinen Erfahrungen in der künstlichen Polyploidisierung sehr häufig eine Vergrößerung der Blütenorgane und eine Intensivierung der Blütenfarben oder die Entstehung ganz neuer Farben erfolgt. Damit werden Eigenschaften in günstiger Weise abgeändert, die für Neuzüchtungen besonders interessant sind. Diese zeigen im allgemeinen eine relativ einfache Vererbung. Im Gegensatz zu der komplexen Eigenschaft der Ertragshöhe, die bei den Nutzpflanzen im Vordergrund der Selektion steht, ist auch ihre züchterische Handhabung verhältnismäßig leicht. Es ist keineswegs selten, daß bereits die erste Generation einer durch Colchicin tetraploid gemachten Pflanze züchterisch wertvolle Pflanzen ergibt. Beispiele hierfür findet man bei Eschscholtzia californica, Cheiranthus cheiri, Aubrietia deltoidea, Lathyrus oderatus, Clarkia elegans, Antirrhinum majus, Nemesia strumosa, Schizanthus plumosus usw. (D a l b r o 1950).

Wie bereits im Bd. 1134 ausgeführt, hängt der Erfolg der Polyploidisierung von der genetischen Konstitution des Ausgangsmaterials ab. Man wähle daher genetisch verschiedene Rassen und vor allem auch heterozygote Formen, da dann bei einer nachträglich einsetzenden Selektion die Erfolgsaussichten infolge von Umkombinationen erheblich vergrößert werden. Auf der anderen Seite muß sich aber der Züchter darüber im klaren sein, daß die Reinzucht bei Autopolyploiden erheblich schwieriger als bei Diploiden ist. Wege zu ihrer Überwindung wurden bereits in einem der vorhergehenden Abschnitte aufgezeigt.

Ebenso wichtig wie die Erzeugung autopolyploider Formen ist die von allopolyploiden, die in der Kreuzung im

System ferner stehender Einheiten (Arten oder auch Gattungen) und einer nachfolgenden Chromosomenverdoppelung ihrer sterilen Bastarde besteht.

Um die großen Möglichkeiten zu erfassen, die sich in der Ausnutzung dieser Methode dem Blumenzüchter bieten, sei an einigen Beispielen meist spontaner Allopolyploider gezeigt, wie sich der Vorgang der Allopolyploidie genetisch auswirkt und züchterisch genutzt werden kann.

Die Wild- und Kulturrosen sind durch polyploide Reihen von 2x bis 8x ausgezeichnet. Es handelt sich um auto- und allopolyploide Formen, an deren Entstehung 5 verschiedene Genome beteiligt sind. Dieser Artbildungsprozeß ist auch heute noch nicht abgeschlossen. So wurde im Jahre 1919 in Amerika eine neue Sorte als Rosa hybrida „Max Graf" registriert, die als Zufallssämling wahrscheinlich aus der Kreuzung der beiden Wildarten Rosa rugosa $\times$ R. Wichuraiana entstanden ist. Beide Arten sind diploid ($2n = 14$). „Max Graf" ist eine niederliegende, bodenbedeckende Art, die dem Wichuraiana-Elter sehr ähnlich ist, aber durch kräftigen Wuchs und höhere Winterfestigkeit ausgezeichnet ist. Die Blütenfarbe ist rosa, die des Rugosa-Elters rot und des anderen Elters weiß. Die Blüten sind völlig steril.

Die „Max Graf"-Hybride wurde auch in der Rosenschule von Kordes in Holstein gezogen, wo 15 Jahre hindurch Selbstbestäubungen vorgenommen wurden, aus denen 1940 erstmalig 2 Sämlinge gewonnen wurden (W u l f f). Einer dieser beiden erfror im Winter 1941/42, der andere erwies sich bei seiner ersten Blüte im Jahre 1943 als vollfertil. Die Chromosomenuntersuchung wies ihn mit $2n = 28$ als allopolyploiden oder amphidiploiden Bastard aus. Wie und wo die Chromosomenverdoppelung in der Hybride „Max Graf" stattgefunden hat, steht nicht fest. W u l f f nimmt an, daß aus der Vereinigung von 2 unreduzierten Gameten der neue Amphidiploide entstanden ist; er nennt ihn „Rosa Kordesii". Diese neue Art unterscheidet sich von dem sterilen Bastard und den beiden Elternarten durch die Ausbildung von neuen Merkmalen und eine gewisse Heterosis, da einige Merkmale stärker als bei den Eltern ausgebildet sind.

Die Tatsache, daß Rosa Kordesii bei einer Londoner Rosenschau wegen der Fülle und Größe der Blüten und ihrer langen Haltbarkeit einen ersten Preis erhielt, zeigt, daß es sich tatsächlich um eine wertvolle Neuzüchtung handelt. In Tabelle 9 sind einige Eigenschaften der neuen Art und ihrer Eltern zusammengestellt.

Tabelle 9
(aus Wulff)

	Beginn d. Blüte	Dauer d. Blüte	Größe d. Blüte	Blütenfarbe	Füllung
Rosa rugosa	—	3—4 Tage	groß	rot	gefüllt
R. Wichuraiana	—	5—7 Tage	klein	weiß	ungefüllt
R. Max Graf	1. 6.	3 Tage	intermediär	rosa	ungefüllt
R. Kordesii	15. 6.	14 Tage	groß, wie rugosa	glänzend rot	gefüllt

Die züchterische Bedeutung von Rosa Kordesii besteht nicht nur in seinem wertvollen Phaenotyp, sondern auch darin, daß die Genome von 2 Arten in einer neuen, dritten vereinigt sind und diese nun ihrerseits in der weiteren Kombinationszüchtung als neue Einheit verwendet werden kann.

Auch an der Entstehung der heutigen Zuchtsorten von *Delphinium* ist die Allopolyploidie beteiligt (Propach, Lawrence). Die Chromosomengrundzahl ist $x = 8$. Aus der Kreuzung der tetraploiden D. elatum ($2n = 32$) mit dem diploiden D. grandiflorum ($2n = 16$), sind die ersten großblumigen Formen vom Typ D. belladonna entstanden; diese waren als triploide Bastarde lange Zeit steril, bis sie durch Verdoppelung ihrer Chromosomensätze hexaploid und damit fertil wurden. In diese hexaploiden Sorten kreuzte Förster, Bornim, das diploide, anspruchslose D. grandiflorum chinense ein, woraus neue fertile, tetraploide Sorten entstanden. Das Genom von D. grandiflorum chinense muß daher mit einem der 3 Genome von D. belladonna identisch sein.

Gleichzeitige Auto- und Allopolyploidie haben auch zur Entstehung der großen Formenmannigfaltigkeit der Kultursorten von Dahlia variabilis beigetragen, die alle octoploid ($2n = 64$) sind (L a w r a n c e). Die diploiden Ausgangsformen sind unbekannt und wahrscheinlich ausgestorben. Aus einem diploiden Bastard sind zwei Gruppen von allotetraploiden Formen entstanden. Diese unterscheiden sich durch zwei Gruppen von Farbstoffen. Die erste Gruppe enthält elfenbeinfarbige Flavone und blasse Anthocyane, die zweite Gruppe gelbe Flavone und dunkle Anthocyane. In jüngerer Zeit sind dann aus Kreuzung von Vertretern dieser beiden Gruppen und nachfolgender Chromosomenverdoppelung die octoploiden Kultursorten entstanden, die in Wirklichkeit doppelautotetraploid sind, wie ihre tetrasomen Spaltungen und auch die Multivalentenbildungen in der Meiose beweisen.

Die große Formenmannigfaltigkeit erklärt sich aus dem Zusammenspiel der beiden Flavone und zwei Anthocyane in verschiedenen Mischungsverhältnissen. Da die Dahlien außerdem hochgradig selbststeril sind, kann man auf die bei Compositen oft schwierige Kastration verzichten und somit mit Leichtigkeit neue Sorten schaffen.

Jeder wertvolle Sämling kann vegetativ vermehrt werden, so daß eine Konstanzzüchtung nicht unbedingt erforderlich ist; es sei denn, daß man die Sorte auch sexuell zu vermehren wünscht, was heute bei Dahlien vielfach geschieht.

Je mehr Analysen von bereits bestehenden Allopolyploiden vorliegen, um so größere Anregungen wird der Züchter zu künstlichen Erzeugungen allopolyploider Formen erhalten. Diese Methode bietet große Möglichkeiten in der Züchtung, und zwar nicht nur dadurch, daß der Züchter bisher noch nicht bekannte, neue Amphidiploide herstellt, sondern daß er die Synthese der bereits bestehenden

Amphidiploiden noch einmal wiederholt, allerdings mit genetisch verschiedenem Ausgangsmaterial. So dürfte eine nochmalige Synthese der Kulturrosen aus den diploiden Wildarten eine züchterisch besonders verlockende Aufgabe sein (Gustafsson). Hierbei ist dann das Augenmerk nicht nur auf die Auslese besonders schöner Blumenfarben und -formen zu richten, sondern auch auf Resistenz der Ausgangsarten gegen Rost, Mehltau, Frost u. a.

Auch bei Delphinium ergeben sich noch züchterische Aufgaben, die durch Erzeugung von Auto- und Allopolyploidie erreichbar sind. Wie bereits erwähnt, sind die hexaploiden, großblumigen Formen von Delphinium belladonna aus dem diploiden Delphinium grandiflorum ($2n = 16$) und dem tetraploiden D. elatum ($2n = 32$) mit nachfolgender Chromosomenverdoppelung entstanden. Neuerdings ist man bestrebt, in die großblumigen tetra- und hexaploiden Formen rote Farbtöne hineinzubekommen, wie sie bei dem diploiden D. nudicaule bekannt sind. Die tetraploide Sorte „Pink Sensation“ ist der erste Schritt auf dieses Zuchtziel hin; doch genügt ihre Farbtönung noch nicht. „Pink Sensation“ ist wahrscheinlich aus einer Kreuzung des hexaploiden D. belladonna mit dem diploiden D. nudicaule entstanden. Demnach ist das Genom von D. nudicaule mit einem der drei Genome von D. belladonna identisch. Weitere Kreuzungen der Sorte „Pink Sensation“ mit D. nudicaule, um die Farbe intensiver zu machen, sind aber bisher erfolglos geblieben. Vielleicht gelingt die Kreuzung, wenn ein künstlich erzeugtes, tetraploides D. nudicaule verwendet wird.

Auch bei anderen Zierpflanzen gibt es sterile Bastarde, die noch nicht durch Polyploidisierung amphidiploid und fertil geworden sind. Derartige dankbare Aufgaben liegen bei Paeonia, Rhododendron, Iris, Lilien, Tulpen u. a. vor. Fertile amphidiploide Bastarde verhalten sich genetisch wie reine diploide Arten; d. h. ihre Reinzucht und Kombinationszüchtung sind einfach durchzuführen.

3. Erzeugung und Bedeutung von Genmutationen

Neben der Polyploidie ist vor allem das Auftreten von Genmutationen die wesentliche Ursache für die Entstehung der Formenmannigfaltigkeit bei Blumen und Zierpflanzen. Über die Häufigkeit, mit der Genmutationen spontan auftreten, liegen mit Ausnahme nur weniger Objekte keine exakten Versuche vor. So weiß man, daß beim Gartenlöwenmäulchen in einer Versuchssippe die natürliche Mutationsrate 1 % beträgt, in anderen Sippen kann sie höher oder niedriger liegen. Für die Züchtung ist aber die Tatsache viel wesentlicher, daß die Mutationsrate durch Behandlung mit Röntgenstrahlen ganz erheblich erhöht werden kann, und weiterhin, daß die induzierten Mutationen in qualitativer Hinsicht nicht von den spontanen verschieden sind. Wenn auch ein großer Teil der Genmutationen züchterisch unbrauchbare Monstrositäten darstellen oder letal bis subletal sind, so werden doch immer wieder Mutanten beobachtet, die den Schmuckwert der Blumen vergrößern oder in anderer Hinsicht zu einer willkommenen Vergrößerung der Mannigfaltigkeit unserer Sortimente beitragen. Hierzu gehören vor allem Mutationen, die neue oder intensivere Farben verursachen, die Blüten vergrößern, die Blütezeit verschieben, die Wuchshöhe steigern oder verringern, die Bildung von Nebentrieben verhindern u. a. m.

Die praktische Nutzung von spontanen und induzierten Genmutationen ist in der Züchtung von Blumen- und Zierpflanzen viel einfacher und aussichtsreicher als bei der Züchtung landwirtschaftlicher und gartenbaulicher Nutzpflanzen. Der Wert der Blumen beruht im wesentlichen auf äußeren Merkmalen der Farbe, Form und Organgestaltung. Mutationen derartiger Merkmale pflegen im allgemeinen sehr auffallend zu sein und damit leicht auffindbar, während die Entdeckung physiologischer Mutanten, die auch die Ertragsfähigkeit einer Nutzpflanze beeinflussen, bedeutend schwieriger ist. Mutationen äußerer Merkmale zeigen häufig eine pleiotrope Wirkung, die auch die physiologische Leistungsfähigkeit einer Pflanze negativ beeinflussen kann.

Während bei Nutzpflanzen hierdurch der Wert an sich willkommener, morphologischer Mutanten wieder gehoben wird, ist das bei Blumen und Zierpflanzen viel seltener der Fall, da die „Ertragsfähigkeit" hier meistens eine untergeordnete Rolle spielt. Bei der individuellen Kultur und Pflege ihrer Bestände sind Genotypen mit einer etwas herabgesetzten Vitalität und Konkurrenzfähigkeit ohne Bedeutung, so daß bei Blumen und Zierpflanzen die praktische Nutzung spontaner und induzierter Mutationen erheblich größer ist.

Als Objekte für die experimentelle Mutationsauslösung eignen sich vor allem diploide Selbstbefruchter. Bei diesen ist am ehesten die Gewähr gegeben, daß in den Nachkommenschaften von Pflanzen, bei denen in einem Allel eines Gens eine Mutation von einem dominanten zu einem rezessiven Allel stattfindet (AA ⟶ Aa), die rezessiven aa-Mutanten auch tatsächlich herausspalten und aufgefunden werden. Bei Fremdbefruchtern pflegen heterozygote Mutanten Aa vorwiegend von normalen AA-Genotypen befruchtet zu werden, so daß das mutierte, rezessive Allel a über viele Generationen durch das dominante Allel A verdeckt bleiben kann, ohne daß seine Existenz durch das Herausspalten von aa erkannt wird. — Bei einer tetraploiden Form eines Selbstbefruchters findet man die rezessive Mutation in einem Allel (AAAa) erst in der übernächsten Generation durch das Abspalten von aaaa-Genotypen, und zwar zu einem erheblich geringeren Prozentsatz als bei Diploiden: Aus einem AAAa-Genotyp spalten zunächst $^1/_4$ AAaa Genotypen ab, aus denen erst in der F_2 $^1/_{36}$ rezessive aaaa-Pflanzen hervorgehen, während aus einem diploiden Heterozygoten bereits in der ersten Nachkommenschaft $^1/_4$ rezessive Pflanzen entstehen. Auch in der Kombinationszüchtung von Diploiden lassen sich die Genmutationen erheblich leichter nutzen als bei Autopolyploiden.

4. Herstellung von Heterosissorten

Die Herstellung von Heterosissorten in der Blumenzüchtung war bereits im Zusammenhang mit dem Problem der

Regulierung der Fremdbefruchtung zur Erzeugung sortenreinen Saatgutes besprochen worden. Bezüglich weiterer spezieller Methoden der Heterosiszüchtung sei auf die entsprechenden Abschnitte in der Gemüsezüchtung verwiesen.

Die allgemeinen Voraussetzungen für die Erzeugung von Heterosissorten in der Blumenzüchtung sind sehr günstig, besonders bei solchen Arten, bei denen der Gärtner zur Samengewinnung Handbestäubungen durchführt (z. B. Superbissima-Petunien), der Samenbedarf gering, der Preis für den Samen sehr hoch und die Durchführung der Kreuzung bei reichlichem Samenansatz sehr einfach ist.

Was die allgemeinen Richtlinien einer Heterosiszüchtung bei Blumen betrifft, so sei mit Nachdruck darauf hingewiesen, daß die Kreuzungseltern weitgehend homozygot sein müssen, andernfalls keine einheitliche Heterosissorte entstehen kann. Bei Fremdbefruchtern sind daher durch erzwungene Selbstbestäubungen oder durch wiederholte Paarkreuzungen von Vollgeschwistern homozygote Inzuchtlinien zu schaffen.

Ehe sich der Züchter entschließt, eine „Heterosissorte" auf den Markt zu bringen, sollte er sich durch exakte Versuche vergewissern, ob die F_1-Sorte wirklich eine Heterosis gegenüber der konstanten Sorte derselben Art darstellt und ob es nicht auch möglich und vor allem wirtschaftlicher ist, die erhöhte Leistung zur Konstanz zu züchten. Besonders große Aussichten in der Heterosiszüchtung bietet die Erzeugung triploider Sorten nach Kreuzung von diploiden mit tetraploiden Sorten. Bei diesen beobachtet man häufig einen besonders starken Heterosiseffekt. Eine Konstanzzüchtung triploider Sorten kann nur durch Chromosomenverdoppelung des Bastards, also auf dem Wege der Amphidiploidie versucht werden.

Für diejenigen, die sich mehr mit dem Vertrieb als mit der Züchtung von Blumensorten befassen, sei darauf hingewiesen, daß ein Nachbau von Heterosissorten nicht möglich ist, ohne daß der Sortencharakter wieder verloren geht. „Beste Auslese aus Heterosissorte X" als Anpreisungen in Katalogen sollten daher unterbleiben.

Register

GESAMTVERZEICHNIS

SAMMLUNG GÖSCHEN

DAS WISSEN DER WELT IN KURZEN KLAREN, ALLGEMEINVERSTÄNDLICHEN EINZELDARSTELLUNGEN NACH DEN LEHRPLÄNEN DER DEUTSCHEN UNIVERSITÄTEN UND HOCHSCHULEN AUFGEBAUT

JEDER BAND DM 2,40

DOPPELBAND DM 4,80

STAND SEPTEMBER 1956

WALTER DE GRUYTER & CO.

BERLIN W 35

INHALTSVERZEICHNIS

Geisteswissenschaften

Philosophie

Einführung in die Philosophie von *H. Leisegang†* 3. Aufl. 145 S. 1956 *(Bd. 281)*

Erkenntnistheorie von *G. Kropp.* 1. Teil: Allgemeine Grundlegung. 143 S. 1950 *(Bd. 807)*

Hauptprobleme der Philosophie von *G. Simmel†.* 7., unveränd. Aufl. 177 S. 1950 *(Bd. 500)*

Geschichte der Philosophie

I: Die griechische Philosophie von *W. Capelle.* 1. Teil. Von Thales bis Leukippos. 2., erw. Aufl. 135 S. 1953 *(Bd. 857)*

II: Die griechische Philosophie von *W. Capelle.* 2. Teil. Von der Sophistik bis zum Tode Platons. 2., stark erw. Aufl. 144 S. 1953 *(Bd. 858)*

III: Die griechische Philosophie von *W. Capelle.* 3. Teil. Vom Tode Platons bis zur alten Stoa. 2., stark erw. Aufl. 132 S. 1954 *(Bd. 859)*

IV: Die griechische Philosophie von *W. Capelle.* 4. Teil. Von der Alten Stoa bis zum Eklektizismus im 1. Jh. v. Chr. 2., stark erw. Aufl. 132 S. 1954 *(Bd. 863)*

V: Die Philosophie des Mittelalters von *J. Koch.* In Vorb. *(Bd. 826)*

VI: Von der Renaissance bis Kant von *K. Schilling.* 234 S. 1954 *(Bd. 394/394a)*

VII: Immanuel Kant von *G. Lehmann.* In Vorb. *(Bd. 536)*

VIII: Die Philosophie des 19. Jahrhunderts von *G. Lehmann.* 1. Teil. 151 S. 1953 *(Bd. 571)*

IX: Die Philosophie des 19. Jahrhunderts von *G. Lehmann*. 2. Teil. 168 S. 1953 *(Bd. 709)*
X: Die Philosophie im ersten Drittel des 20. Jahrhunderts von *G. Lehmann*. In Vorb. *(Bd. 845)*
Die geistige Situation der Zeit (1931) von *K. Jaspers*. 4., unveränd. Abdruck der 1932 bearb. 5. Aufl. 211 S. 1955 *(Bd. 1000)*
Philosophisches Wörterbuch von *M. Apelt*†. 4.,unveränd. Aufl. 260 S. 1953 *(Bd. 1031)*
Philosophische Anthropologie. Menschliche Selbstdeutung in Geschichte und Gegenwart von *M. Landmann*. 266 S. 1955 *(Bd. 156/156a)*

Pädagogik, Psychologie Soziologie

Geschichte der Pädagogik von *H. Weimer*. 12. Aufl. 177 S. 1956 *(Bd. 145)*
Therapeutische Psychologie. Ihr Weg durch die Psychoanalyse von *W. M. Kranefeldt*. Mit einer Einführung von *C. G. Jung*. 3., unveränd. Aufl. 152 S. 1956 *(Bd. 1034)*
Allgemeine Psychologie von *Th. Erismann*. 1956. In Vorb. *(Bd. 852)*
Soziologie. Geschichte und Hauptprobleme von *L. von Wiese*. 5. Aufl. 162 S. 1954 *(Bd. 101)*
Sozialpsychologie von *P. R. Hofstätter*. 181 S., 15 Abb., 22 Tab. 1956. *(Bd. 104/104a)*
Psychologie des Berufs- und Wirtschaftslebens von *W. Moede*. 1956. In Vorb. *(Bd. 851)*
Industrie- und Betriebssoziologie von *R. Dahrendorf*. 120 S. 1956 *(Bd. 103)*

Religionswissenschaften

Jesus von *M. Dibelius*†. 2. Aufl. Unveränd. Nachdr. 137 S. 1949 *(Bd. 1130)*
Paulus von *M. Dibelius*†. Nach dem Tode des Verfassers herausgegeben und zu Ende geführt von *W. G. Kümmel*. 2. Aufl. 155 S. 1956 *(Bd. 1160)*
Römische Religionsgeschichte von *F. Altheim*. 2 Bde. 2., umgearb. Aufl.
I: Grundlagen und Grundbegriffe. 116 S. 1956 *(Bd. 1035)*
II: Der geschichtliche Ablauf. 164 S. 1956 *(Bd. 1052)*

Musik

Musikästhetik von *H. J. Moser*. 180 S. 1953 *(Bd. 344)*
Systematische Modulation von *R. Hernried*. 2. Aufl. 136 S. 1950 *(Bd. 1094)*
Der polyphone Satz von *E. Pepping*. 2 Bde. 1. Teil: Der cantus-firmus-Satz. 2.Aufl. 223 S. 1950 *(Bd. 1148)*
Allgemeine Musiklehre von *H. J. Moser*. 2., durchges. Aufl. 155 S. 1955 *(Bd. 220/220a)*
Harmonielehre von *H. J. Moser*. 2 Bde. I: 109 S. 1954 *(Bd. 809)*
Die Musik des 19. Jahrhunderts von *W. Oehlmann*. 180 S. 1953 *(Bd. 170)*
Die Musik des 20. Jahrhunderts I. von *W. Oehlmann*. In Vorb. *(Bd. 171)*
Technik der deutschen Gesangskunst von *H. J. Moser*. 3., durchges. und verb. Aufl. 144 S., 5 Fig. 1954 *(Bd. 576/576a)*
Die Kunst des Dirigierens von *H. W. von Waltershausen*†. 2. Aufl. 138 S. 1954 *(Bd. 1147)*
Die Technik des Klavierspiels aus dem Geiste des musikalischen Kunstwerkes von *K. Schubert*†. 3. Aufl. 110 S. 1954 *(Bd. 1045)*

Kunst

Stilkunde von *H. Weigert*. 2 Bde. 2. Aufl.
I: Vorzeit, Antike, Mittelalter. 136 S., 94 Abb. 1953 *(Bd. 80)*
II: Spätmittelalter und Neuzeit. 146 S., 84 Abb. 1953 *(Bd. 781)*
Archäologie von *A. Rumpf*. 2. Bde.
I: Einleitung, historischer Überblick. 143 S., 6 Abb., 12 Taf. 1953 *(Bd. 538)*
II: Die Archäologensprache. Die antiken Reproduktionen. 136 S., 7 Abb., 12 Taf. 1956 *(Bd. 539)*

Geschichte

Einführung in die Geschichtswissenschaft von *P. Kirn*. 2. Aufl. 121 S. 1952 *(Bd. 270)*
Zeitrechnung d. röm. Kaiserzeit,

des Mittelalters und der Neuzeit für die Jahre von 1–2000 n. Chr. von *H. Lietzmann* †. 3., durchges. Aufl. von *K. Aland*. 1956. *(Bd. 1085)*

Kultur der Urzeit von *F. Behn*. 3 Bde. 4. Aufl. der „Kultur der Urzeit". Bd. I–III von *M. Hoernes*.
I: Die vormetallischen Kulturen. (Die Steinzeiten Europas. Gleichartige Kulturen in anderen Erdteilen). 172 S., 48 Abb. 1950 *(Bd. 564)*
II: Die älteren Metallkulturen. (Der Beginn der Metallbenutzung. Kupfer- und Bronzezeit in Europa, im Orient und in Amerika). 160 S., 67 Abb. 1950 *(Bd. 565)*
III: Die jüngeren Metallkulturen. (Das Eisen als Kulturmetall. Hallstatt-Latène-Kultur in Europa. Das erste Auftreten des Eisens in den anderen Erdteilen). 149 S., 60 Abb. 1950 *(Bd. 566)*

Vorgeschichte Europas von *F. Behn*. Völlig neue Bearbeitung der 7. Aufl. der „Urgeschichte der Menschheit" von *M. Hoernes*. 125 S., 47 Abb. 1949 *(Bd. 42)*

Von den Karolingern zu den Staufern von *J. Haller*. Die altdeutsche Kaiserzeit (900–1250). 3. Aufl. 141 S., 4 Ktn. 1944 *(Bd. 1065)*

Deutsche Geschichte im Zeitalter der Reformation, der Gegenreformation und des 30jährigen Krieges von *F. Hartung*. 129 S. 1951 *(Bd. 1105)*

Deutsche Geschichte von 1648 bis 1740 von *W. Treue*. 120 S. 1956 *(Bd. 35)*

Deutsche Geschichte von 1713 bis 1806 von *W. Treue*. In Vorb. *(Bd. 39)*

Quellenkunde der deutschen Geschichte im Mittelalter (bis zur Mitte des 15. Jahrhunderts) von *K. Jacob* †. 3 Bde.
I: Einleitung. Allgemeiner Teil. Die Zeit der Karolinger. 5. Aufl. 118 S. 1949 *(Bd. 279)*
II: Die Kaiserzeit (911–1250). 4. Aufl. 127 S. 1949 *(Bd. 280)*
III: Das Spätmittelalter (vom Interregnum bis 1500). Herausgeg. von *F. Weden*. 152 S. 1952 *(Bd. 284)*

Geschichte Englands von *H. Preller*.
I: bis 1815. 3., stark umgearb. Aufl. 135 S., 7 Stammtaf., 2 Ktn. 1952 *(Bd. 375)*
II: von 1815 bis 1910. 2., völlig umgearb. Aufl. 118 S., 1 Stammtaf., 7 Ktn. 1954 *(Bd. 1088)*

Römische Geschichte von *F. Altheim*. 4 Bde. 2., verb. Aufl.
I: Bis zur Schlacht bei Pydna (168 v. Chr.). 123 S. 1956 *(Bd. 19)*
II: Bis zur Schlacht bei Actium (31 v. Chr.). 130 S. 1956 *(Bd. 677)*

Geschichte der Vereinigten Staaten von Amerika von *O. Graf zu Stolberg-Wernigerode*. 192 S., 10 Ktn. 1956 *(Bd. 1051/1051a)*

Deutsche Sprache und Literatur

Deutsches Rechtschreibungswörterbuch von *M. Gottschald*. 2., verb. Aufl. 269 S. 1953 *(Bd. 200/200a)*

Deutsche Wortkunde. Eine kulturgeschichtliche Betrachtung des deutschen Wortschatzes von *A. Schirmer*. 3., durchges. Aufl. 109 S. 1949 *(Bd. 929)*

Deutsche Sprachlehre von *W. Hofstaetter*. 9., neubearb. Aufl. von *G. Spree*. 144 S. 1953 *(Bd. 20)*

Stimmkunde für Beruf, Kunst und Heilzwecke von *H. Biehle*. 111 S. 1955 *(Bd. 60)*

Redetechnik. Einführung in die Rhetorik von *H. Biehle*. 115 S. 1954 *(Bd. 61)*

Sprechen und Sprachpflege (Die Kunst des Sprechens) von *H. Feist*. 2., verb. Aufl. 99 S., 25 Abb. 1952 *(Bd. 1122)*

Deutsches Dichten und Denken von der germanischen bis zur staufischen Zeit von *H. Naumann*. (Deutsche Literaturgeschichte vom 5.–13. Jahrhundert). 2., verb. Aufl. 166 S. 1952 *(Bd. 1121)*

Deutsches Dichten und Denken vom Mittelalter zur Neuzeit von *G. Müller* (1270–1700). 2., durchges. Aufl. 159 S. 1949 *(Bd. 1086)*

Der Nibelunge Nôt in Auswahl mit kurzem Wörterbuch von *K. Langosch*. 10., durchges. Aufl. 164 S. 1956 *(Bd. 1)*

Kudrun- und Dietrichepen in Auswahl mit Wörterbuch von *O. L. Jiriczek*. 2. Aufl. bearb. von *R. Wisniewski*. 1956. In Vorb. *(Bd. 10)*

Wolfram von Eschenbach. Parzifal. Eine Auswahl mit Anmerk. und Wörterbuch. Von *H. Jantzen*. 2. Aufl., bearb. von *H. Kolb*. 1956. *(Bd. 921)*
Die deutschen Personennamen von *M. Gottschald*. 2., verb. Aufl. 151 S. 1955 *(Bd. 422)*
Althochdeutsches Elementarbuch von *H. Naumann*† und *W. Betz*. 2. Aufl. 156 S. 1954 *(Bd. 1111)*
Mittelhochdeutsche Grammatik von *H. de Boor* und *R. Wisniewski*. 141 S. 1956 *(Bd. 1108)*

Indogermanisch, Germanisch

Gotisches Elementarbuch. Grammatik, Texte mit Übersetzung und Erläuterungen von *H. Hempel*. 2., umgearb. Aufl. 165 S. 1953 *(Bd. 79)*
Indogermanische Sprachwissenschaft von *H. Krahe*. 3. Aufl. 1956. In Vorb. *(Bd. 59)*
Germanische Sprachwissenschaft von *H. Krahe*. 2 Bde. 3. Aufl.
I: Einleitung und Lautlehre. 135 S. 1956. In Vorb. *(Bd. 238)*
Altnordisches Elementarbuch von *F. Ranke*. Schrifttum, Sprache, Texte mit Übersetzung und Wörterbuch. 2., durchges. Aufl. 146 S. 1949 *(Bd. 1115)*

Englisch, Französisch Italienisch

Altenglisches Elementarbuch von *M. Lehnert*. Einführung, Grammatik, Texte mit Übersetzung und Wörterbuch. 3., verb. Aufl. 178 S. 1955 *(Bd. 1125)*
Historische neuenglische Laut- und Formenlehre von *E. Ekwall*. 3., durchges. Aufl. 150 S. 1956 *(Bd. 735)*
Englische Phonetik von *H. Mutschmann* †. 1956. *(Bd. 601)*
Englische Literaturgeschichte. 4 Bde.
I: Die alt- und mittelenglische Periode v. *F. Schubel*. 163 S. 1954 *(Bd. 1114)*
II: Von der Renaissance bis zur Aufklärung von *F. Schubel*. 160 S. 1956 *(Bd. 1116)*
III: Romantik und Viktorianismus von *P. Meissner*†. 150 S. 1938 *(Bd. 1124)*
IV: Das 20. Jahrhundert von *P. Meissner*†. 150 S. 1939 *(Bd. 1136)*
Beowulf von *M. Lehnert*. Eine Auswahl mit Einführung, teilweiser Übersetzung, Anmerkungen und etymologischem Wörterbuch. 2., verb. Aufl. 135 S. 1949 *(Bd. 1135)*
Shakespeare von *P. Meissner*†. 2. Aufl. neubearb. von *M. Lehnert*. 136 S. 1954 *(Bd. 1142)*
Italienische Literaturgeschichte von *K. Vossler*†. Unveränd. Nachdr. der 1927 erschien. 4., durchges. und verb. Aufl. 148 S. 1948 *(Bd. 125)*
Romanische Sprachwissenschaft von *H. Lausberg*. 2 Bde.
I: Einleitung und Vokalismus. 160 S. 1956 *(Bd. 128/128a)*
II: Konsonantismus. 95 S. 1956 *(Bd. 250)*

Griechisch, Lateinisch

Griechische Sprachwissenschaft von *W. Brandenstein*. 2 Bde.
I: Einleitung, Lautsystem, Etymologie. 160 S. 1954 *(Bd. 117)*
Geschichte der griechischen Sprache. 2 Bde.
I: Bis zum Ausgang der klassischen Zeit von *O. Hoffmann*†. 3. Aufl. bearb. von *A. Debrunner*. 156 S. 1954 *(Bd. 111)*
II: Grundfragen und Grundzüge des nachklass. Griechisch. Von *A. Debrunner*. 144 S. 1954 *(Bd. 114)*
Geschichte der griechischen Literatur von *W. Nestle*. 2 Bde. 2., verb. Aufl.
I: Von den Anfängen bis auf Alexander d. Gr. 148 S. 1950 *(Bd. 70)*
II: Von Alexander d. Gr. bis zum Ausgang der Antike. 128 S. 1948 *(Bd. 557)*
Geschichte der lateinischen Sprache von *F. Stolz*†. 3., stark umgearb. Auflage von *A. Debrunner*. 136 S. 1953 *(Bd. 492)*

Hebräisch, Sanskrit, Russisch

Hebräische Grammatik von *G. Beer*†. 2 Bde. 2., völlig neub. Aufl. von *R. Meyer*
I: Schrift-, Laut- und Formenlehre I. 157 S. 1952 *(Bd. 763/763a)*
II: Formenlehre II. Syntax und Flexionstabellen. 195 S. 1955 *(Bd. 764/764a)*

Sanskrit-Grammatik von *M. Mayrhofer*. 89 S. 1953 *(Bd. 1158)*
Russische Grammatik von *E. Berneker*. 6., unveränd. Aufl. von *M. Vasmer*. 155 S. 1947 *(Bd. 66)*

Erd- und Länderkunde

Afrika von *F. Jaeger*. Ein geograph. Überblick. 2 Bde. 2., umgearb. Aufl.
I: Der Lebensraum. 179 S., 18 Abb. 1954 *(Bd. 910)*
II: Mensch und Kultur. 155 S., 6 Abb. 1954 *(Bd. 911)*
Iberoamerika von *O. Quelle*. In Vorb. *(Bd. 856)*
Australien und Ozeanien von *H. J. Krug*. 176 S., 46 Skizz. 1953 *(Bd. 319)*
Kartenkunde von *M. Eckert-Greifendorff†*. 3., durchges. Aufl. von *W. Kleffner*. 149 S., 63 Abb. 1950 *(Bd. 30)*

Volkswirtschaft, Publizistik

Allgemeine Betriebswirtschaftslehre von *K. Mellerowicz*. 3 Bde. 9., unveränd. Aufl.
I: 142 S. 1956 *(Bd. 1008)*
II: 112 S. 1956 *(Bd. 1153)*
III: 143 S. 1956 *(Bd. 1154)*
Allgemeine Volkswirtschaftslehre von *A. Paulsen*. 4 Bde.
I: Grundlegung, Wirtschaftskreislauf. 138 S. 1956 *(Bd. 1169)*
II: Haushalte, Unternehmungen, Marktformen. *(Bd. 1170)*
III: Produktionsfaktoren, Geldwesen. In Vorb. *(Bd. 1171)*
IV: Konjunktur, Außenhandel, staatliche Aktivität. In Vorb. *(Bd. 1172)*
Zeitungslehre von *E. Dovifat*. 2 Bde. 3., neubearb. Aufl.
I: Theoretische und rechtliche Grundlagen — Nachricht und Meinung — Sprache und Form. 148 S. 1955 *(Bd. 1039)*
II: Redaktion — Die Sparten Verlag und Vertrieb, Wirtschaft und Technik, Sicherung der öffentlichen Aufgabe. 158 S. 1955 *(Bd. 1040)*

Naturwissenschaften

Mathematik

Geschichte der Mathematik von *J. E. Hofmann*. 3 Bde.
I: Von den Anfängen bis zum Auftreten von Fermat und Descartes. 200 S. 1953 *(Bd. 226)*
II: In Vorb. *(Bd. 875)*
III: In Vorb. *(Bd. 882)*
Mathematische Formelsammlung von *F. Ringleb*. Vollst. umgearb. Neuausg. des Werkes von *O. Th. Bürklen*. 6., durchges. Aufl. 280 S., 57 Fig. 1956 *(Bd. 51/51a)*
Fünfstellige Logarithmen von *A. Adler*. Mit mehreren graphischen Rechentafeln und häufig vorkommenden Zahlwerten. 2. Aufl. Neudr. 127 S., 1 Taf. 1949 *(Bd. 423)*
Höhere Algebra von *H. Hasse*. 2 Bde. 3., verb. Aufl.
I: Lineare Gleichungen. 152 S. 1951 *(Bd. 931)*
II: Gleichungen höheren Grades. 158 S., 5 Fig. 1951 *(Bd. 932)*
Aufgabensammlung zur höheren Algebra von *H. Hasse* und *W. Klobe*. 2., verb. und verm. Aufl. 181 S. 1952 *(Bd. 1082)*
Elementare und klassische Algebra vom modernen Standpunkt von *W. Krull*. 2 Bde. 2., erw. Aufl.
I: 136 S. 1952 *(Bd. 930)*
Einführung in die Zahlentheorie von *A. Scholz†*. Überarb. und herausgeg. von *B. Schoeneberg*. 2. Aufl. 128 S. 1955 *(Bd. 1131)*
Elemente der Funktionentheorie von *K. Knopp*. 4. Aufl. 144 S., 23 Fig. 1955 *(Bd. 1109)*
Funktionentheorie von *K. Knopp*. 2 Bde.
I: Grundlagen der allgem. Theorie der analytischen Funktionen. 8. Aufl. 139 S., 8 Fig. 1955 *(Bd. 668)*
II: Anwendungen und Weiterführung der allgemeinen Theorie. 8./9. Aufl. 130 S., 7 Fig. 1955 *(Bd. 703)*

Aufgabensammlung zur Funktionentheorie von *K. Knopp*. 2 Bde. 4. Aufl.
I: Aufgaben zur elementaren Funktionentheorie. 135 S. 1949 *(Bd. 877)*
II: Aufgaben zur höheren Funktionentheorie. 151 S. 1949 *(Bd. 878)*
Repetitorium und Aufgabensammlung zur Differentialrechnung von *A. Witting†*. 2., neub. Aufl. Durchges. Neudr. 145 S. 1949 *(Bd. 146)*
Repetitorium und Aufgabensammlung zur Integralrechnung von *A. Witting†*. 2., neubearb. Aufl. Durchges. Neudr. 121 S., 32 Fig., 309 Beisp. 1949 *(Bd. 147)*
Gewöhnliche Differentialgleichungen von *G. Hoheisel*. 5. Aufl. 129 S. 1956. *(Bd. 920)*
Partielle Differentialgleichungen v. *G. Hoheisel*. 3., neub. Aufl. 130 S. 1953 *(Bd. 1003)*
Aufgabensammlung zu den gewöhnlichen und partiellen Differentialgleichungen von *G. Hoheisel*. 2., umgearb. Aufl. 124 S. 1952 *(Bd. 1059)*
Mengenlehre von *E. Kamke*. 3., neub. Auflage. 194 S., 6 Fig. 1955 *(Bd. 999/999a)*
Darstellende Geometrie von *W. Haack*. 3 Bde.
I: Die wichtigsten Darstellungsmethoden. Grund- und Aufriß ebenflächiger Körper. 110 S., 117 Abb. 1954 *(Bd. 142)*
II: Körper mit krummen Begrenzungsflächen. Kotierte Projektionen. 129 S., 86 Abb. *(Bd. 143)*
III: Axonometrie, Perspektive. Photogrammetrie. In Vorb. *(Bd. 144)*
Sammlung von Aufgaben und Beispielen zur analytischen Geometrie der Ebene von *R. Haussner†*. Mit den vollständigen Lösungen. 139 S., 22 Fig. Neudr. 1949 *(Bd. 256)*
Nichteuklidische Geometrie. Hyperbolische Geometrie der Ebene. Von *R. Baldus†*. 3., verb. Aufl., durchges. und herausgeg. von *F. Löbell*. 140 S., 70 Fig. 1953 *(Bd. 970)*
Differentialgeometrie von *K. Strubecker* (früher Rothe). 2 Bde.
I: Kurventheorie der Ebene und des Raumes. 150 S., 18 Fig. 1955 *(Bd. 1113/1113a)*
Einführung in die konforme Abbildung von *L. Bieberbach*. 5., erw. Aufl. 180 S., 42 Fig. 1956. *(Bd. 768/768a)*
Vektoranalysis von *S. Valentiner*. Neudr. der 7. Aufl. (1950). 138 S., 19 Fig. 1954 *(Bd. 354)*
Vermessungskunde von *P. Werkmeister*. 3 Bde.
II: Messung von Horizontalwinkeln. Festlegung von Punkten im Koordinatensystem. Absteckungen. 7. Aufl. 151 S., 93 Fig. 1949 *(Bd. 469)*
III: Trigonometrische und barometrische Höhenmessung. Tachymetrie und Topographie. 6. Aufl. 147 S., 64 Fig. 1949 *(Bd. 862)*
Versicherungsmathematik von *F. Böhm*. 2 Bde.
I: Elemente der Versicherungsrechnung. 3., verm. verb. Aufl. Durchges. Neudr. 151 S. 1954 *(Bd. 180)*
II: Lebensversicherungsmathematik. Einführung in die technischen Grundlagen der Sozialversicherung. 2., verb. Aufl. 205 S. 1953 *(Bd. 917/917a)*

Physik

Einführung in die theoretische Physik von *W. Döring*. 4 Bde.
I: Mechanik. 119 S., 29 Abb. 1954 *(Bd. 76)*
II: Das elektromagnetische Feld. 123 S., 15 Abb. 1955 *(Bd. 77)*
III: Optik. 117 S., 32 Abb. 1956 *(Bd. 78)*
IV: Thermodynamik. 107 S., 9 Abb. 1956. *(Bd. 374)*
Atomphysik von *K. Bechert* und *Ch. Gerthsen*. 7 Bde. 3., umgearb. Aufl.
I: Allgemeine Grundlagen. 1. Teil. 124 S., 55 Abb. 1955 *(Bd. 1009)*
II: Allgemeine Grundlagen. 2. Teil. 112 S., 48 Abb. 1955 *(Bd. 1033)*
III: Theorie des Atombaus. 1. Teil. 148 S., 16 Abb. 1954 *(Bd. 1123/1123a)*
IV: Theorie des Atombaus. 2. Teil. 170 S., 14 Abb. 1954 *(Bd. 1165/1165a)*
Differentialgleichungen der Physik von *F. Sauter*. 2. Aufl. 148 S., 16 Fig. 1950 *(Bd. 1070)*

Physikalische Formelsammlung von *G. Mahler*† und *K. Mahler*. 9., durchges. Aufl. 153 S. mit 69 Fig. 1955 *(Bd. 136)*

Physikalische Aufgabensammlung von *G. Mahler*† und *K. Mahler*. Mit den Ergebn. 8., durchges. Aufl. 127 S. 1955 *(Bd. 243)*

Chemie

Geschichte der Chemie in kurzgefaßter Darstellung von *G. Lockemann*. 2 Bde.

I: Vom Altertum bis zur Entdekkung des Sauerstoffs. 142 S., 8 Bildn. 1950 *(Bd. 264)*

II: Von der Entdeckung des Sauerstoffs bis zur Gegenwart. 151 S., 16 Bildn. 1955 *(Bd. 265/265 a)*

Anorganische Chemie von *W. Klemm*. 9., umgearb. Aufl. 180 S. 1956. *(Bd. 37)*

Organische Chemie von *W. Schlenk*. 6., erw. Aufl. 263 S. 1954 *(Bd. 38/38 a)*

Allgemeine und physikalische Chemie von *W. Schulze*. 3 Bde. 4., neubearb. Aufl.

I: 139 S., 10 Fig. 1955 *(Bd. 71)*

II: 176 S., 37 Fig. 1956 *(Bd. 698/698 a)*

III: 1956. In Vorb. *(Bd. 786)*

Analytische Chemie von *J. Hoppe*. 2 Bde. 5., verb. Aufl.

I: Reaktionen. 135 S. 1950 *(Bd. 247)*

II: Gang der qualitativen Analyse. 166 S. 1950 *(Bd. 248)*

Maßanalyse. Theorie und Praxis der klassischen und der elektrochemischen Titrierverfahren. Von *G. Jander* und *K. F. Jahr*. 303 S., 50 Fig. 1956. *(Bd. 221/221a)*

Thermochemie von *W. A. Roth*. 2., verb. Aufl. 109 S., 16 Fig. 1952 *(Bd. 1057)*

Physikalisch-chemische Rechenaufgaben von *E. Asmus*. 2. Aufl. 95 S. 1949 *(Bd. 445)*

Stöchiometrische Aufgabensammlung. Mit den Ergebn. von *W. Bahrdt*† und *R. Scheer*. 6., durchges. Aufl. 1956. In Vorb. *(Bd. 452)*

Elektrochemie und ihre physikalisch-chemischen Grundlagen von *A. Dassler*. 2 Bde.

I: 149 S., 21 Abb. 1950 *(Bd. 252)*

II: 178 S., 17 Abb. 1950 *(Bd. 253)*

Technologie

Warenkunde von *K. Hassak*† und *E. Beutel*†. 2 Bde. 7. Aufl. Neubearb. von *A. Kutzelnigg*

I: Anorganische Waren sowie Kohle und Erdöl. 116 S., 19 Fig. 1947 *(Bd. 222)*

II: Organische Waren. 143 S., 32 Fig. 1949 *(Bd. 223)*

Die Fette und Öle von *K. Braun*†. 5., völlig neubearb. und verb. Aufl. von *Th. Klug*. 145 S. 1950 *(Bd. 335)*

Die Seifenfabrikation von *K. Braun*†. 3., neubearb. und verb. Aufl. von *Th. Klug*. 116 S., 18 Abb. 1953 *(Bd. 336)*

Textilindustrie

I: Spinnerei und Zwirnerei. Von *A. Blümcke*. 111 S., 43 Abb. 1954 *(Bd. 184)*

Biologie

Einführung in die allgemeine Biologie von *M. Hartmann*. 132 S. 1956. *(Bd. 96)*

Hormone von *G. Koller*. 2., neubearb. und erw. Aufl. 187 S., 60 Abb., 19 Tab. 1949 *(Bd. 1141)*

Fortpflanzung im Tier- und Pflanzenreich von *J. Hämmerling*. 2., erg. Aufl. 135 S., 101 Abb. 1951 *(Bd. 1138)*

Geschlecht und Geschlechtsbestimmung im Tier- und Pflanzenreich von *M. Hartmann*. 2., verb. Aufl. 116 S., 61 Abb., 7 Tab. 1951 *(Bd. 1127)*

Grundriß der allgemeinen Mikrobiologie von *W. Schwartz*. 2 Bde.

I: 104 S 17 Abb. 1949 *(Bd. 1155)*

II: 93 S 12 Abb. 1949 *(Bd. 1157)*

Symbiose der Tiere mit pflanzlichen Mikroorganismen von *P. Buchner*. 2., verb. und verm. Aufl. 130 S. 121 Abb. 1949 *(Bd. 1128)*

Botanik

Entwicklungsgeschichte des Pflanzenreiches von *H. Heil*. 2. Aufl. 138 S. 94 Abb. 1 Tab. 1950 *(Bd. 1137)*

Morphologie der Pflanzen von *L. Geitler*. 3. Aufl. 126 S. 114 Abb. 1953 *(Bd. 141)*

Pflanzenzüchtung von *H. Kuckuck* 2 Bde. 3., völlig umgearb. Aufl.

I: Grundzüge der Pflanzenzüchtung. 132 S. 22 Abb. 1952 *(Bd. 1134)*
Die Laubhölzer. Kurzgefaßte Beschreibung der in Mitteleuropa gedeihenden Laubbäume und Sträucher. Von *F. W. Neger†* und *E. Münch†*. 3., durchges. Aufl. herausgeg. von *B. Huber*. 143 S. 63 Fig. 7 Tab. 1950 *(Bd. 718)*
Die Nadelhölzer (Koniferen) und übrigen Gymnospermen von *F. W. Neger†* und *E. Münch†*. 4. Aufl. Durchges. und erg. von *B. Huber*. 140 S., 75 Fig., 4 Tab., 3 Ktn. 1952 *(Bd. 355)*

Zoologie

Entwicklungsphysiologie der Tiere von *F. Seidel*. 2 Bde.
I: Ei und Furchung. 126 S., 29 Abb. 1953 *(Bd. 1162)*
II: Körpergrundgestalt und Organbildg. 159 S., 42 Abb. 1953 *(Bd. 1163)*
Das Tierreich.
Fische von *D. Lüdemann*. 130 S., 65 Abb. 1955 *(Bd. 356)*
Insekten von *H. von Lengerken*. 128 S., 58 Abb. 1953 *(Bd. 594)*
Lurche (Chordatiere) von *K. Herter*. 143 S., 129 Abb. 1955 *(Bd. 847)*
Spinnentiere (Trilobitomorphen, Fühlerlose) und Tausendfüßler. Von *A. Kaestner*. 96 S., 55 Abb. 1955 *(Bd. 1161)*
Würmer. Platt-, Hohl-, Schnurwürmer, Komptozoen, Ringelwürmer, Protracheaten, Bärtierchen, Zungenwürmer. Von *S. Jaeckel*. 114 S., 36 Abb. 1955 *(Bd. 439)*
Weichtiere. Urmollusken, Schnekken, Muscheln, Kopffüßer. Von *S. Jaeckel*. 92 S., 34 Abb. 1954 *(Bd. 440)*
Stachelhäuter. Tentakulaten, Binnenatmer u. Pfeilwürmer. Von *S. Jaeckel*. 100 S., 46 Abb. 1955 *(Bd. 441)*
Schwämme und Hohltiere von *H. J. Hannemann*. 95 S., 80 Abb. 1956 *(Bd. 442)*
Krebse (Crustacea) von *H. E. Gruner* und *K. Deckert*. 114 S., 43 Abb. 1956 *(Bd. 443)*
Protozoen von *E. Reichenow*. 115 S., 59 Abb. 1956 *(Bd. 444)*
Vergleichende Physiologie der Tiere von *K. Herter*. 2 Bde. 3. Aufl. der „Tierphysiologie".
I: Stoff- und Energiewechsel. 155 S., 64 Abb. 1950 *(Bd. 972)*
II: Bewegung und Reizerscheinungen. 148 S., 110 Abb. 1950 *(Bd. 973)*

Land- und Forstwirtschaft

Landwirtschaftliche Tierzucht. Die Züchtung und Haltung der landwirtschaftlichen Nutztiere von *H. Vogel*. 139 S., 11 Abb. 1952 *(Bd. 228)*
Kulturtechnische Bodenverbesserungen von *O. Fauser*. 2. Bde. 4., neubearb. Aufl.
I: Allgemeines, Entwässerung. 122 S., 47 Abb. 1947 *(Bd. 691)*
II: Bewässerung, Ödlandkultur, Umlegung. 150 S., 67 Abb. 1949 *(Bd. 962)*
Agrikulturchemie von *K. Scharrer*. 2 Bde.
I: Pflanzenernährung. 143 S. 1953 *(Bd. 329)*
II: Futtermittelkunde. 192 S. 1956. *(Bd. 330/330a)*

Geologie, Mineralogie Kristallographie

Kristallographie von *W. Bruhns†* und *P. Ramdohr*. 4. Aufl. 106 S., 163 Abb. 1954 *(Bd. 210)*
Einführung in die Kristalloptik von *E. Buchwald*. 4., verb. Aufl. 138 S., 121 Fig. 1952 *(Bd. 691)*
Lötrohrprobierkunde. Mineraldiagnose mit Lötrohr- und Tüpfelreaktion. Von *M. Henglein*. 3., verb. Aufl. 91 S., 11 Fig. 1949 *(Bd. 483)*
Mineral- und Erzlagerstättenkunde von *H. Huttenlocher†*. 2 Bde.
I: 128 S., 34 Abb. 1954 *(Bd. 1014)*
II: 156 S., 48 Abb. 1954 *(Bd. 1015/1015a)*
Allgemeine Mineralogie. 9., erw. Aufl. der „Mineralogie" von *R. Brauns†* und *K. F. Chudoba*. 104 S., 107 Fig., 1 Taf., 2 Tab. 1955 *(Bd. 29)*
Spezielle Mineralogie. 9., erw. Aufl. der „Mineralogie" von *R. Brauns†* und *K. F. Chudoba*. 133 S., 105 Fig. 1955 *(Bd. 31)*
Petrographie (Gesteinskunde) von *W. Bruhns†* und *P. Ramdohr*. 4., durchges. Aufl. 104 S., 10 Fig. 1955 *(Bd. 173)*
Geologie von *F. Lotze*. 176 S., 80 Abb. 1955 *(Bd. 13)*

Technik

Graphische Darstellung in Wissenschaft und Technik von *M. Pirani*. 3., verb. Aufl. bearb. von *J. Fischer*. 101 Abb. 1956. In Vorb. *(Bd. 728/728a)*

Elektrotechnik

Grundlagen der Elektrotechnik von *O. Mohr*. 3 Bde.
I: Die drei Feldformen. 96 S., 41 Abb., 6 Taf. 1956. *(Bd. 196)*
II: Die wichtigsten elektr. und phys. Grunderscheinungen. 95 S., 36 Abb., 7 Taf. 1956. *(Bd. 197)*
III: 91 S., 59 Abb. 1956. *(Bd. 198)*

Die Gleichstrommaschine von *K. Humburg*. 2 Bde. 2. Aufl. 1956.
I: 102 S., 59 Abb. 1956. *(Bd. 257)*
II: 98 S., 38 Abb. 1956. *(Bd. 881)*

Die synchrone Maschine von *K. Humburg*. Neudr. 109 S., 78 Abb. 1951 *(Bd. 1146)*

Induktionsmaschinen von *F. Unger*. 2., erw. Aufl. 142 S., 49 Abb. 1954 *(Bd. 1140)*

Die komplexe Berechnung von Wechselstromschaltungen von *H. H. Meinke*. 160 S., 114 Abb. 1949 *(Bd. 1156)*

Theoretische Grundlagen zur Berechnung der Schaltgeräte von *F. Kesselring*. 3. Aufl. 144 S., 92 Abb. 1950 *(Bd. 711)*

Einführung in die Technik selbsttätiger Regelungen von *W. zur Megede*. 1956. *(Bd. 714/714a)*

Elektromotorische Antriebe (Grundlagen für die Berechnung) von *A. Schwaiger*. 3., neubearb. Aufl. 96 S., 34 Abb. 1952 *(Bd. 827)*

Technische Tabellen und Formeln von *W. Müller*. 4., verb und erw. Aufl. von *E. Schulze*. 152 S., 105 Fig. 1951 *(Bd. 579)*

Überspannungen und Überspannungsschutz von *G. Frühauf*. Durchges. Neudr. 122 S., 98 Abb. 1950 *(Bd. 1132)*

Maschinenbau

Metallkunde. Einführendes über Aufbau, Eigenschaften und Untersuchung von Metallen und Legierungen sowie über Grundlagen des Schmelzens, des Gießens, des Verformens, der Wärmebehandlung, der Oberflächenbehandlung, der Verbinde- und Trennarbeiten von *H. Borchers*. 2 Bde.
I: Aufbau der Metalle und Legierungen. 3. Aufl. 120 S., 90 Abb., 2 Tab. 1956. *(Bd. 432)*

Die Werkstoffe des Maschinenbaues von *H. Thum* und *C. M. von Meysenbug*. 2 Bde.
I: Einführung in die Werkstoffprüfung. 2., neubearb. Aufl. 100 S., 7 Tab., 56 Abb. 1956. *(Bd. 476)*

Dynamik von *W. Müller*. 2 Bde. 2., verb. Aufl.
I: Dynamik des Einzelkörpers. 128 S., 48 Fig. 1952 *(Bd. 902)*
II: Systeme von starren Körpern. 102 S., 41 Fig. 1952 *(Bd. 903)*

Technische Schwingungslehre von *L. Zipperer*. 2 Bde. 2., neubearb. Aufl.
I: Allgemeine Schwingungsgleichungen, einfache Schwinger. 120 S., 101 Abb. 1953 *(Bd. 953)*
II: Torsionsschwingungen in Maschinenanlagen. 102 S., 59 Abb. 1955 *(Bd. 961/961a)*

Werkzeugmaschinen für Metallbearbeitung von *K. P. Matthes*. 4 Bde.
I: 100 S., 27 Abb., 11 Zahlentaf., 1 Tafelanh. 1954 *(Bd. 561)*
II: Fertigungstechnische Grundlagen der neuzeitlichen Metallbearbeitung. 101 S., 30 Abb., 5 Taf. 1955 *(Bd. 562)*

Das Maschinenzeichnen mit Einführung in das Konstruieren von *W. Tochtermann*. 2 Bde. 4. Aufl.
I: Das Maschinenzeichnen. 156 S., 77 Taf. 1950 *(Bd. 589)*
II: Ausgeführte Konstruktionsbeispiele. 130 S., 58 Taf. 1950 *(Bd. 590)*

Die Maschinenelemente von *E. A. vom Ende*. 3., verb. Aufl., 166 S., 175 Fig., 9 Taf. 1956. *(Bd. 3/3a)*

Maschinen der Walz- und Hüttenwerke von *L. Engel*. 1956. In Vorb. *(Bd. 581)*

Walzwerke von *H. Sedlaczek*. 2 Bde. In Vorb. *(Bd. 580 583)*

Getriebelehre von *P. Grodzinski*. 2 Bde. 2., neubearb. Aufl.

I: Geometrische Grundlagen. 159 S., 142 Fig. 1953 *(Bd. 1061)*

Gießereitechnik von *H. Jungbluth.* 2 Bde.

I: Eisengießerei. 126 S., 44 Abb. 1951 *(Bd. 1159)*

Die Dampfkessel und Feuerungen einschließlich Hilfseinrichtungen in Theorie, Konstruktion und Berechnung von *W. Marcard*†. 2 Bde. 2. Aufl. Neubearb. von *K. Beck.*

I: Die theoretischen Grundlagen, Wärme, Verbrennung, Wärmeübertragung. 150 S., 42 Abb., 16 Tab. 1951 *(Bd. 9)*

II: Dampfkessel. 147 S., 43 Abb. 1952 *(Bd. 521)*

Dampfturbinen, ihre Wirkungsweise, Berechnung und Konstruktion von *C. Zietemann.* 3 Bde. 3., verb. Aufl.

I: Theorie der Dampfturbinen. 139 S., 48 Abb. 1955 *(Bd. 274)*

II: Die Berechnung der Dampfturbinen und die Konstruktion der Einzelteile. 132 S., 111 Abb. 1956 *(Bd. 715)*

III: Die Regelung der Dampfturbinen, die Bauarten, Turbinen für Sonderzwecke, Kondensationsanlagen. 126 S., 90 Abb. 1956 *(Bd. 716)*

Transformatoren von *W. Schäfer.* 2. Aufl., 74 Abb. 1956 *(Bd. 952)*

Technische Thermodynamik von *W. Nußelt.* 3 Bde.

I: Grundlagen. 4., verb. Aufl. 144 S., 71 Abb. 1956. *(Bd. 1084)*

II: Theorie der Wärmekraftmaschinen. Neudr. 144 S., 87 Abb., 32 Zahlentaf. 1951 *(Bd. 1151)*

Autogenes Schweißen und Schneiden von *H. Niese.* 5. Aufl. Neubearb. von *A. Küchler.* 136 S., 71 Fig. 1954 *(Bd. 499)*

Die elektrischen Schweißverfahren von *H. Niese.* 2. Aufl. Neubearb. von *H. Dienst.* 136 S., 58 Abb. 1955 *(Bd. 1020)*

Hebezeuge. Entwurf von Winden und Kranen von *G. Tafel.* 2., verb. Aufl. 176 S., 230 Fig. 1954 *(Bd. 414/414a)*

Wasserbau

Wasserkraftanlagen von *A. Ludin* u. Mitarb. v. *W. Borkenstein.* 2 Bde.

I: Planung, Grundlagen und Grundzüge. 124 S., 60 Abb. 1955 *(Bd. 665)*

Verkehrswasserbau von *H. Dehnert.* 3 Bde.

I: Entwurfsgrundlagen, Flußregelungen. 103 S., 52 Abb. 1950 *(Bd. 585)*

II: Flußkanalisierung und Schiffahrtskanäle. 94 S., 60 Abb. 1950 *(Bd. 597)*

III: Schleusen und Hebewerke. 98 S., 70 Abb. 1950 *(Bd. 1152)*

Wehr- und Stauanlagen von *H. Dehnert.* 134 S., 90 Abb. 1952 *(Bd. 965)*

Talsperren von *F. Tölke.* 122 S., 70 Abb. 1953 *(Bd. 1044)*

Hoch- und Tiefbau

Die wichtigsten Baustoffe des Hoch- und Tiefbaus von *O. Graf.* 4., verb. Aufl. 131 S., 63 Abb. 1953 *(Bd. 984)*

Baustoffverarbeitung und Baustellenprüfung des Betons von *A. Kleinlogel.* 2., neubearb. und erw. Aufl. 126 S., 35 Abb. 1951 *(Bd. 978)*

Festigkeitslehre. 2 Bde.

I: Elastizität, Plastizität und Festigkeit der Baustoffe und Bauteile von *W. Gehler*† und *W. Herberg.* Durchges. und erw. Neudr. 159 S., 118 Abb. 1952 *(Bd. 1144)*

II: Formänderung, Platten, Stabilität und Bruchhypothesen von *W. Herberg* und *N. Dimitrov.* 187 S., 94 Abb. 1955 *(Bd. 1145/1145a)*

Grundlagen des Stahlbetonbaus von *A. Troche.* 2., neubearb. und erw. Aufl. 208 S., 75 Abb., 17 Bemessungstaf., 20 Rechenbeisp. 1953 *(Bd. 1078)*

Statik der Baukonstruktionen von *A. Teichmann.* 3 Bde.

I: Grundlagen. 100 S., 51 Abb., 8 Formeltaf. 1956 *(Bd. 119)*

II: Statik bestimmter Stabwerke. 57 Abb., 9 Taf. 1956. In Vorb. *(Bd. 120)*

Fenster, Türen, Tore aus Holz und Metall. Eine Anleitung zu ihrer guten Gestaltung, wirtschaftlichen Bemessung und handwerksgerechten Konstruktion von *W. Wickop.* 4., überarb. und erg. Aufl. 155 S., 95 Abb. 1955 *(Bd. 1092)*

Heizung und Lüftung von *J. Kör-*

ting† und *W. Körting*. 2 Bde. 8., neubearb. Aufl.
I: Das Wesen und die Berechnung der Heizungs- und Lüftungsanlagen. 140 S., 29 Abb., 18 Zahlentaf. 1951 *(Bd. 342)*
II: Die Ausführung der Heizungs- und Lüftunganlagen. 152 S., 165 Abb., 7 Zahlentaf. 1954 *(Bd. 343)*

Industrielle Kraft- und Wärmewirtschaft von *F. A. F. Schmidt*. 1956 In Vorb. *(Bd. 318/318a)*

SAMMLUNG GÖSCHEN / BANDNUMMERNFOLGE

1 Langosch, Der Nibelunge Nôt
3/3a v. Ende, Die Maschinenelemente
9 Marcard-Beck, Dampfkessel I
10 Jiriczek-Wisniewski, Kudrun- und Dietrichepen
13 Lotze, Geologie
19 Altheim, Röm. Geschichte I
20 Hofstaetter-Spree, Dt. Sprachlehre
29 Brauns-Chudoba, Allg. Mineralogie
30 Eckert-Greifendorff-Kleffner, Kartenkunde
31 Brauns-Chudoba, Spez. Mineralogie
35 Treue, Dt. Geschichte von 1648 bis 1740
37 Klemm, Anorganische Chemie
38/38a Schlenk, Organ. Chemie
39 Treue. Dt. Geschichte von 1713 bis 1806
42 Behn, Vorgeschichte Europas
51/51a Ringleb-Bürklen, Mathematische Formelsammlung
59 Krahe, Indogerm. Sprachwiss.
60 Biehle, Stimmkunde
61 Biehle, Redetechnik
66 Berneker-Vasmer, Russische Grammatik
70 Nestle, Griech. Literaturgesch. I
71 Schulze, Allg. u. phys. Chemie I
76 Döring, Einf. i. d. theoret. Physik I
77 Döring, — II
78 Döring, — III
79 Hempel, Gotisches Elementarb.
80 Weigert, Stilkunde I
96 Hartmann, Einf. i. d. allgem. Biologie
101 v. Wiese, Soziologie
103 Dahrendorf, Industrie- und Betriebssoziologie
104/104a Hofstätter, Sozialpsychologie
111 Hoffmann-Debrunner, Gesch. d. griechischen Sprache I
114 Debrunner, Geschichte der griechischen Sprache II
117 Brandenstein, Griechische Sprachwissenschaft I
119 Teichmann, Statik der Baukonstruktionen I
120 Teichmann, - II
125 Vossler, Italienische Literaturgeschichte
128/128a Lausberg, Roman. Sprachwissenschaft I
136 Mahler, Physikalische Formelsammlung
141 Geitler, Morphol. der Pflanzen
142 Haack, Darst. Geometrie I
143 Haack, Darst. Geometrie II
144 Haack, Darst. Geometrie III
145 Weimer, Gesch. der Pädagogik
146 Witting, Repetitorium und Aufgabensammlung zur Differentialrechnung
147 Witting, Repetitorium und Aufgabensammlung zur Integralrechnung
156/156a Landmann, Philosophische Anthropologie
170 Oehlmann, Musik des 19. Jahrhunderts
171 Oehlmann, Musik des 20. Jahrhunderts I
173 Bruhns-Ramdohr, Petrographie
180 Böhm, Versicherungsmath. I
184 Blümcke, Spinnerei und Zwirnerei
196 Mohr, Grundlagen d. Elektrotechnik I
197 Mohr, — II
198 Mohr, — III
200/200a Gottschald, Dt. Rechtschreibungswörterbuch
210 Bruhns-Ramdohr, Kristallographie
220/220a Moser, Allg. Musiklehre

221/221a Jander-Jahr, Maßanalyse
222 Hassak-Beutel, Warenkunde I
223 Hassak-Beutel, — II
226 Hofmann, Geschichte der Mathematik I
228 Vogel, Landw. Tierzucht
238 Krahe, German. Sprachwiss. I
243 Mahler, Physikal. Aufgabensammlung
247 Hoppe, Analytische Chemie I
248 Hoppe, — II
250 Lausberg, Roman. Sprachwissenschaft II
252 Dassler, Elektrochemie I
253 Dassler, — II
256 Haussner, Aufgabensamml. zur analyt. Geometrie der Ebene
257 Humburg, Die Gleichstrommaschine I
264 Lockemann, Geschichte der Chemie I
265/265a Lockemann, — II
270 Kirn, Einführung in die Geschichtswissenschaft
274 Zietemann, Dampfturbinen I
279 Jacob, Quellenkunde der deutschen Geschichte I
280 Jacob, — II
281 Leisegang, Einführung in die Philosophie
284 Jacob-Weden, Quellenkunde der deutschen Geschichte III
318/318a Schmidt, Industrielle Kraft- und Wärmewirtschaft
319 Krug, Australien und Ozeanien
329 Scharrer, Agrikulturchemie I
330/330a Scharrer, — II
335 Braun-Klug, Fette und Öle
336 Braun-Klug, Seifenfabrikation
342 Körting, Heizung und Lüftung I
343 Körting, — II
344 Moser, Musikästhetik
354 Valentiner, Vektoranalysis
355 Neger-Münch, Nadelhölzer
356 Lüdemann, Fische
374 Döring, Einf. in die theoret. Physik IV
375 Preller, Geschichte Englands I
394/394a Schilling, Von der Renaissance bis Kant
414/414a Tafel, Hebezeuge I
422 Gottschald, Dt Personennamen
423 Adler, Fünfstell. Logarithmen
432 Borchers, Metallkunde I
439 Jaeckel, Würmer
440 Jaeckel, Weichtiere
441 Jaeckel, Stachelhäuter
442 Hannemann, Schwämme und Hohltiere
443 Gruner-Deckert, Krebse
444 Reichenow, Protozoen
445 Asmus, Physikal.-chemische Rechenaufgaben
452 Bahrdt-Scheer, Stöchiometrische Aufgabensammlung
469 Werkmeister, Vermessungskunde II
476 Thum-Meysenbug, Die Werkstoffe des Maschinenbaus I
483 Henglein, Lötrohrprobierkunde
492 Stolz-Debrunner, Geschichte der lateinischen Sprache
499 Niese, Autogen. Schweißen
500 Simmel, Hauptprobleme der Philosophie
521 Marcard-Beck, Dampfkessel II
536 Lehmann, Kant
538 Rumpf, Archäologie I
539 Rumpf, — II
557 Nestle, Griechische Literaturgeschichte II
561 Matthes, Werkzeugmaschinen I
562 Matthes, — II
564 Behn, Kultur der Urzeit I
565 Behn, — II
566 Behn, — III
571 Lehmann, Philosophie des 19. Jahrhunderts I
576/576a Moser, Gesangskunst
579 Müller-Schulze, Techn. Tabellen
580 Sedlaczek, Walzwerke I
581 Engel, Maschinen der Walz- und Hüttenwerke
583 Sedlaczek, Walzwerke II
585 Dehnert, Verkehrswasserbau I
589 Tochtermann, Maschinenzeichnen I
590 Tochtermann, — II
594 Lengerken, Insekten
597 Dehnert, Verkehrswasserbau II
601 Mutschmann, Engl. Phonetik
619 Buchwald, Kristalloptik
665 Ludin, Wasserkraftanlagen I
668 Knopp, Funktionentheorie I
677 Altheim, Röm. Geschichte II
691 Fauser, Kulturtechn. Bodenverbesserungen I
692 Fauser, — II
698/698a Schulze, Allgemeine und physikalische Chemie II
703 Knopp, Funktionentheorie II
709 Lehmann, Philosophie des 19. Jahrhunderts II

711 Kesselring, Berechnung der Schaltgeräte
714/714a zur Megede, Einf. in die Technik selbstät. Regelungen
715 Zietemann, Dampfturbinen II
716 Zietemann, — III
718 Neger-Münch, Laubhölzer
728 Pirani, Graph. Darstellung
735 Ekwall, Historische neuengl. Laut und Formenlehre
763/763a Beer-Meyer, Hebräische Grammatik I
764/764a Beer-Meyer, — II
768/768a Bieberbach, Einführung in die konforme Abbildung
781 Weigert, Stilkunde II
786 Schulze, Allgem. und physikalische Chemie III
807 Kropp, Erkenntnistheorie I
809 Moser, Harmonielehre I
826 Koch, Philosophie des Mittelalters
827 Schwaiger, Elektromotorische Antriebe
845 Lehmann, Philosophie im ersten Drittel des 20. Jahrhunderts
847 Herter, Lurche
851 Moede, Psychologie des Berufs- und Wirtschaftslebens
852 Erismann, Allg. Psychologie
856 Quelle, Iberoamerika
857 Capelle, Griech. Philosophie I
858 Capelle, — II
859 Capelle, — III
862 Werkmeister, Vermessungskunde III
863 Capelle, Griech. Philosophie IV
875 Hofmann, Gesch. d. Math. II
877 Knopp, Aufgabensammlung zur Funktionstheorie I
878 Knopp, Gesch. d. Math. II
881 Humburg, Gleichstrommaschine II
882 Hofmann, — III
902 Müller, Dynamik I
903 Müller, — II
910 Jaeger, Afrika I
911 Jaeger, — II
917/917a Böhm, Versicherungsmathematik II
920 Hoheisel, Gewöhnliche Differentialgleichungen
921 Jantzen-Kolb, W. v. Eschenbach
929 Schirmer, Dt. Wortkunde
930 Krull, Elementare und klassische Algebra I
931 Hasse, Höhere Algebra I
932 Hasse, — II
952 Schäfer, Transformatoren
953 Zipperer, Techn. Schwingungslehre I
961/961a Zipperer, Techn. Schwingungslehre II
965 Dehnert, Wehr- und Stauanlagen
970 Baldus-Löbell, Nichteuklid. Geometrie
972 Herter, Tierphysiologie I
973 Herter, — II
978 Kleinlogel, Baustoffverarb. u. Baustellenprüf. des Betons
984 Graf, Die wichtigsten Baustoffe des Hoch- u. Tiefbaus
999/999a Kamke, Mengenlehre
1000 Jaspers, Geistige Situation
1003 Hoheisel, Partielle Differentialgleichungen
1008 Mellerowicz, Allgemeine Betriebswirtschaftslehre I
1009 Bechert-Gerthsen, Atomphysik I
1014 Huttenlocher, Mineral- und Erzlagerstättenkunde I
1015/1015a Huttenlocher, — II
1020 Niese-Dienst, Elektr. Schweißverfahren
1031 Apel, Philosophisches Wörterbuch
1033 Bechert-Gerthsen, Atomphysik II
1034 Kranefeldt, Therapeutische Psychologie
1035 Altheim, Röm. Religionsgeschichte I
1039 Dovifat, Zeitungslehre I
1040 Dovifat, — II
1044 Tölke, Talsperren
1045 Schubert, Technik des Klavierspiels
1051/1051a zu Stolberg-Wernigerode, Gesch. der Verein. Staaten von Amerika
1052 Altheim, Röm. Religionsgeschichte II
1057 Roth, Thermochemie
1059 Hoheisel, Aufgabensammlung zu den gewöhnl. und partiellen Differentialgleichungen
1061 Grodzinski, Getriebelehre I

1065 Haller, Von den Karolingern zu den Staufern
1070 Sauter, Differentialgleichungen der Physik
1078 Troche, Stahlbetonbau
1082 Hasse-Klobe, Aufgabensamml. zur Höheren Algebra
1084 Nußelt, Technische Thermodynamik I
1085 Lietzmann, Zeitrechnung
1086 Müller, Dt. Dichten u. Denken
1088 Preller, Geschichte Englands II
1092 Wickop, Fenster, Türen, Tore
1094 Hernried, System. Modulation
1105 Hartung, Dt. Geschichte im Zeitalter der Reformation
1108 de Boor-Wisniewski, Mittelhochdeutsche Grammatik
1109 Knopp, Elemente der Funktionentheorie
1111 Naumann-Betz, Althochdeutsches Elementarbuch
1113/1113a Strubecker, Differentialgeometrie I
1114 Schubel, Englische Literaturgeschichte I
1115 Ranke, Altnord. Elementarbuch
1116 Schubel, Englische Literaturgeschichte II
1121 Naumann, Dt. Dichten und Denken
1122 Feist, Sprechen u. Sprachpflege
1123/1123a Bechert-Gerthsen, Atomphysik III
1124 Meissner, Englische Literaturgeschichte III
1125 Lehnert, Altengl. Elementarbuch
1127 Hartmann, Geschlecht und Geschlechtsbestimmung im Tier- und Pflanzenreich
1128 Buchner, Symbiose der Tiere mit pflanzl. Mikroorganismen
1130 Dibelius, Jesus
1131 Scholz-Schoeneberg, Einführung in die Zahlentheorie
1132 Frühauf, Überspannungen und Überspannungsschutz
1134 Kuckuck, Pflanzenzüchtung I
1135 Lehnert, Beowulf
1136 Meissner, Englische Literaturgeschichte IV
1137 Heil, Entwicklungsgeschichte des Tier- und Pflanzenreichs
1138 Hämmerling, Fortpflanzung im Tier- und Pflanzenreich
1140 Unger, Induktionsmaschinen
1141 Koller, Hormone
1142 Meissner-Lehnert, Shakespeare
1144 Gehler-Herberg, Festigkeitslehre I
1145/1145a Herberg-Dimitrov, - II
1146 Humburg, Synchrone Maschine
1147 v. Waltershausen, Kunst des Dirigierens
1148 Pepping, Der polyphone Satz I
1151 Nußelt, Technische Thermodynamik II
1152 Dehnert, Verkehrswasserbau III
1153 Mellerowicz, Allgem. Betriebswirtschaftslehre II
1154 Mellerowicz, — III
1155 Schwartz, Mikrobiologie I
1156 Meinke, Kompl. Berechnung der Wechselstromschaltung
1157 Schwartz, Mikrobiologie II
1158 Mayrhofer, Sanskrit-Grammatik
1159 Jungbluth, Gießereitechnik I
1160 Dibelius-Kümmel, Paulus
1161 Kaestner, Spinnentiere
1162 Seidel, Entwicklungsphysiolog. der Tiere I
1163 Seidel, — II
1165/1165a Bechert-Gerthsen, Atomphysik IV
1169 Paulsen, Allgemeine Volkswirtschaftslehre I
1170 Paulsen, — II
1171 Paulsen, — III
1172 Paulsen, — IV

AUTORENREGISTER

MIX
Papier | Fördert gute Waldnutzung
FSC® C083411

Zeitfracht Medien GmbH
Ferdinand-Jühlke-Straße 7
99095 Erfurt, Deutschland
produktsicherheit@kolibri360.de